遊戲設計概論

張 娜 主編
左 宏、薑 楠 副主編

崧燁文化

PREFACE 序

　　近年來,隨著科學技術的發展和現代社會的進步,數碼媒介與技術的蓬勃興起使得相關的藝術設計領域得到了迅猛的發展並受到了廣泛的關注。近十年來,遊戲產業迅猛發展,正在成為第三產業中的朝陽產業。數位遊戲已經從當初的一種邊緣性的娛樂方式成為目前全球娛樂的一種主流方式,越來越多的人成為遊戲愛好者,也有越來越多的愛好者渴望獲得專業的遊戲設計教育,並選擇遊戲作為他們一生的職業。同時,隨著數字娛樂產業的快速發展,消費需求的日益增加,行業規模不斷擴大,對遊戲設計專業人才的需求也急劇增加。

　　從我國目前遊戲設計人才的供給情況來看,首先,我國從事遊戲產業的人員大多是從其他專業和領域轉型而來,沒有經歷過對口的專業教育,主要靠模仿、自學、企業培訓以及實踐經驗積累來提升設計能力,積累、掌握的設計方法、設計思路、設計技術也僅限於企業內部及產業圈內的交流和傳授。

　　遊戲產品的開發環節和開發內容主要包括遊戲策劃、遊戲程式開發以及遊戲美術設計,策劃是遊戲產品的靈魂,程式是遊戲產品的骨架,而遊戲美術則是遊戲產品的"容顏",彰顯著遊戲世界的美感。遊戲美術設計的內容和方向主要包括遊戲角色概念設計、遊戲場景概念設計、三維遊戲美術設計、遊戲動畫設計、遊戲介面(UI)設計、遊戲特效設計等。

隨著市場競爭的加劇，產品同質化突顯，遊戲產業對遊戲設計專業人才的需求在品質上提出了更高、更嚴的要求。企業和研發機構將越來越看重具備複合性、發展性、創新性、競合性四大特徵的高級遊戲設計人才。透過廣泛調研以及近年的教學實踐和教學模式探索，我們就當前高級遊戲設計人才的培養必須具有高創造性、高適應性、高發展潛力，具有國際化的視野和競合性，既要具有較強的產品創新與設計創意能力，又要具有較強美術創作實踐能力方面達成了共識。為了體現這一共識，本套教材中的教學案例基本來自於作者的教學或開發實踐，並注重思路與方法的引導，充分展現了當前的最新設計思路、技術路線趨勢，體現了教學內容與設計實踐的緊密結合。

　　從以上幾個方面來規劃和設計的遊戲專業教材目前比較少，而遊戲設計專業的教學和實踐開發人群都比較年輕，雖然他們對於教材相關內容都有著自己的研究、實踐和積累成果，但就編寫教材而言還缺少經驗，需要各位同行和專家提供寶貴的意見和建議，不吝加以指正，以便進一步改進和完善。儘管如此，我們依然相信這套教材的出版，對於遊戲設計專業課程體系的建設具有非常積極的推動作用和參考價值，能夠使讀者對遊戲美術設計有一個系統的認知，在培養和增強讀者的遊戲美術設計能力、製作能力、創意創作能力方面提供重要的引導和幫助。

沈渝德　王波

CONTENTS

第一章 進入遊戲的世界 　　　　　　　　　　　1
第一節 遊戲設計的含義 　　　　　　　　　　　2
第二節 遊戲平台與組成要素 　　　　　　　　　12
第三節 手機遊戲 　　　　　　　　　　　　　　13
第四節 網路遊戲 　　　　　　　　　　　　　　16
第五節 電視遊戲機 　　　　　　　　　　　　　21
　第六節 大型遊戲機 　　　　　　　　　　　　24
第七節 單機遊戲 　　　　　　　　　　　　　　25
第八節 遊戲相關硬體常識 　　　　　　　　　　26
思考與練習 　　　　　　　　　　　　　　　　　35

第二章 體驗遊戲設計 　　　　　　　　　　　　36
第一節 遊戲的主題 　　　　　　　　　　　　　37
第二節 遊戲的相關設置 　　　　　　　　　　　42
第三節 遊戲的介面設計 　　　　　　　　　　　43
第四節 遊戲的流程 　　　　　　　　　　　　　45
第五節 遊戲不可預測性的應用 　　　　　　　　48
第六節 遊戲設計的死角 　　　　　　　　　　　51
第七節 遊戲設計的劇情 　　　　　　　　　　　52
第八節 遊戲設計的感官 　　　　　　　　　　　54
第九節 遊戲的分類與特點 　　　　　　　　　　56
思考與練習 　　　　　　　　　　　　　　　　　72

第三章 遊戲開發工具簡介　　73
第一節 OpenGL　　74
第二節 DirectX　　76
第三節 C/C++ 程式語言　　81
第四節 Visual C++ 與遊戲設計　　83
思考與練習　　86

第四章 遊戲設計與製作　　87
第一節 遊戲設計的製作過程　　88
第二節 遊戲設計與電腦　　90
思考與練習　　95

第五章 遊戲編輯工具軟體　　96
第一節 遊戲地圖的製作　　97
第二節 遊戲特效　　101
第三節 劇情編輯器　　103
第四節 人物與道具編輯器　　107
第五節 遊戲動畫　　110
思考與練習　　111

第六章 遊戲設計的團隊及開發流程　　112
第一節 遊戲設計的團隊　　113
第二節 遊戲設計開發流程　　127
第三節 遊戲開發的未來與展望　　130
第四節 遊戲策劃實戰演練　　133
思考與練習　　137

第七章 經典遊戲設計賞析　　138
第一節 優秀遊戲作品的評判標準　　139
第二節 《植物大戰僵屍》（益智遊戲）　　140
第三節 《英雄連》（即時策略遊戲）　　144
思考與練習　　148

第一章
進入遊戲的世界

第一節 遊戲設計的含義

一、遊戲的定義

"遊戲"在漢語中的常用詞義有兩點：一是指遊樂嬉戲、玩耍；二是指一種文娛活動。《現代漢語詞典》中遊戲的含義包括智力遊戲，如拼七巧板（圖1-1-1）、猜燈謎、魔術方塊；活動性遊戲，如捉迷藏、拋手帕、跳橡皮筋（圖1-1-2）等幾種。

在英語中，"遊戲"有兩種常用詞義：一是提供娛樂或消遣的活動；二是競爭性的活動或體育運動，選手們按一系列規則進行競爭賽。

遊戲作為社會活動中的一部分，一直貫穿於人類文明的整個歷史。進入20世紀後，隨著電子資訊技術的迅速發展，特別是電子電腦的發明，為我們帶來一種全新的遊戲類型──電子遊戲。本章將對遊戲概念及相關知識進行介紹，為遊戲專業人員形成正確的遊戲概念和學習後續章節打下基礎。

關於遊戲，亞里斯多德認為："遊戲是勞作後的休息和消遣，是本身並不帶有任何目的性的一種行為活動。"從此角度講，看電視、聽音樂、跳舞、下棋、打牌等，雖然進行方式、規則及操作群體上各不相同，但都可以算是一種"遊戲"。我國《辭海》中對"遊戲"的解釋為："以直接獲得快感為主要目的，且必須有主體參與互動的活動。"其中的解釋說明了遊戲作為一種娛樂方式的目的性，雖然不像西方傳統認為那樣的廣泛，但指出了遊戲的另一個重要特徵：主體參與互動。主體參與互動是指主體的動作、語言、表情等變化與獲得快感的刺激方式及刺激程度有直接聯繫。

一般認為，遊戲是一種基於興趣的需要、為主體的快樂得到滿足，以輕鬆的心態完成的互動

圖1-1-1 智力遊戲──拼七巧板

圖1-1-2 活動性遊戲──跳橡皮筋

過程，其過程充滿了競爭和機會，有著明確的目標和規則，其結果是事先不確定的。因此看電影、聽音樂、讀書等單方面被動接受、不產生互動的娛樂活動顯然不屬於遊戲的範疇，但隨著科技的發展，電影、電視、音樂等傳統的被動方式也出現了互動的方式。

隨著人類的歷史和認識水準的發展，出現及盛行的遊戲也逐漸增多，但大體可以歸納為三大基本形式。（圖1-1-3）

第一種是需要在專門建造的場地上進行的遊戲，以我們熟悉的體育競技類遊戲為主，這也是最古老和最常見的一種遊戲形式。如古代的騎射、馬球，現代的足球、賽車，這種遊戲往往表

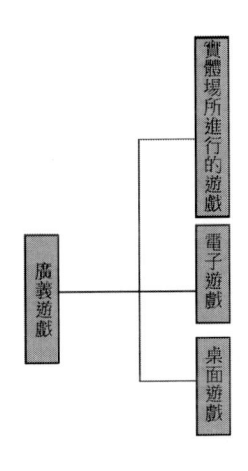

圖 1-1-3　廣義遊戲的三種基本形

現出較強的競爭性，繼而隨流行性的增加演變為競賽性質的遊戲。在其中需要花費較多的體力。例如被譽為世界第一運動的足球(圖 1-1-4)，是兩支隊伍在同一場地內進行互相攻守的體育運動項目，其就是由古人勞作之餘的娛樂遊戲演變發展而成。它具有廣泛的群眾基礎和影響力，強調對抗性和配合，集中體現了人類運動美感。

第二種是不需要大規模的場地和要求的遊戲，對遊戲環境也沒有特殊要求，單場遊戲時間較短，一般稱為桌面遊戲（Board Game，簡稱 BG）。撲克牌、象棋、麻將等就是日常生活中最常見的幾種桌面遊戲。但是桌面遊戲不僅僅是上述棋牌遊戲，任何在桌類平面上玩的遊戲都包括在內。很多桌面遊戲除了用到棋盤、棋子和紙牌等道具外，還會使用到模型、骰子、硬幣等，唯獨不需要其他電子設備的輔助。所以玩家也形象地稱其為"無電遊戲"。桌面遊戲在歐美國家較為流行，非常強調面對面交流，因此非常適合與朋友或家庭聚會時大家一起玩。桌面遊戲以智力對抗為主，是人類歷史上一種更高級的遊戲形式。"無電遊戲"以其自身純粹質樸的遊戲性而獨具魅力，所以很多電子遊戲設計者大都會在桌

圖 1-1-4　號稱世界第一運動的足球

圖 1-1-5　桌面遊戲《卡梅洛陰影》（Shadows over Camelot）

圖 1-1-6　桌面遊戲《卡梅洛陰影》裡的角色卡、棋子和道具

面遊戲中尋找靈感，或者測試新遊戲創意的可玩性與耐玩性。

這類遊戲的代表為《指環王》《戰錘 40000》《龍與地下城》《拿破崙戰爭》等。《卡梅洛陰影》（圖 1-1-5、圖 1-1-6）是一款典型的西方桌遊。其故事背景是英國著名的圓桌騎士和聖杯傳說。這款遊戲堪稱精美的藝術品，其桌面用具異常豐富：棋子、卡牌、特殊道具模型、地圖、

骰子等，道具繁多，規則也比較複雜，在這類遊戲中有些道具模型會以零件形式發售，由玩家自己組裝，極具遊戲趣味性。

第三種是依託電子設備為平台進行的遊戲。隨著現代電子電腦技術的發展而出現的一種全新的遊戲形式——電子遊戲（視頻遊戲），即本書所討論的狹義的遊戲。電子遊戲是透過電子設備（電腦、遊戲機及移動通訊設備等）進行遊戲的一種娛樂方式，它透過數位視訊、音訊技術，虛擬出一個遊戲的環境，設置相應的障礙，以供玩家克服並取得成功的愉悅感，進而取得遊戲樂趣。電子遊戲通常使用顯示幕作為資訊的反饋介質，向玩家提供電腦處理遊戲交互的結果。玩家透過輸入裝置控制遊戲的整個過程。

電子遊戲不僅集合了前兩種遊戲形式的優點，而且規避了前兩種遊戲形式在交互方面存在的不足。電子遊戲是目前為止人類歷史上最複雜和最先進的一種遊戲形式，它是融合了人類社會的自然科學、人文科學與社會科學等多學科的技術集合。傳統遊戲或比賽的一切要素理論上都可以在各種電子遊戲平台中得以實現。因此大量的體育競技遊戲和桌面遊戲都有對應的電子遊戲版本，比如著名的足球遊戲《FIFA》、賽車遊戲《極品飛車》（圖 1-1-7）、龍與地下城遊戲《博德之門》（圖 1-1-8）、棋牌遊戲《鬥地主》（圖 1-1-9）等。這種就是業界中"遊戲移植"的概念。但目前業界更常見的另一種"遊戲移植"是把一款熱門的電子遊戲從電腦平台移植到家用遊戲機平台，或者從一種家用遊戲機（例如 PS3）移植到手機遊戲平台的 APPS 中。本書將在後續的章節詳細介紹電子遊戲的各種具體平台分類、各種具體的家用遊戲機硬體規格等知識。

《大富翁》是全球最大的電子遊戲廠商 EA，以孩之寶（Hasbro）超人氣的桌面遊戲為藍本在 2008 年發佈的同名遊戲。《大富翁》透過微軟公司的 XBOX 360 主機為平台，以全新的視覺效果和遊戲的方式呈現了這款歷久不衰的經典遊戲，讓各種年紀與不同技巧等級的玩家都能輕鬆上手。圖 1-1-10 是桌面遊戲《大富翁》的棋盤和兩堆"機會卡"的實物展示，是移植自《大富翁》的電子遊戲畫面（圖 1-1-11），可以清楚地看出電子遊戲畫面更加擬真。

圖 1-1-7　賽車遊戲《極品飛車》

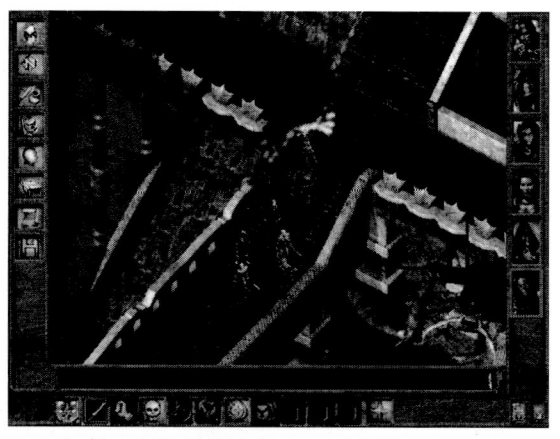

圖 1-1-8　龍與地下城遊戲《博多之門》

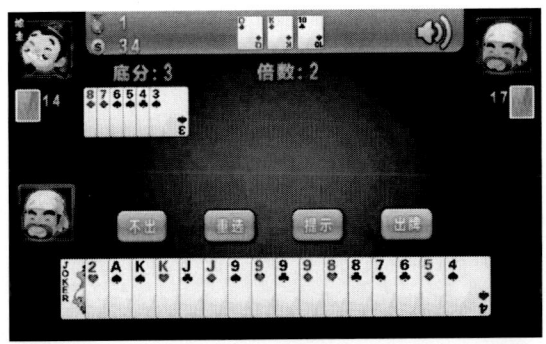

圖 1-1-9 棋牌遊戲《鬥地主》

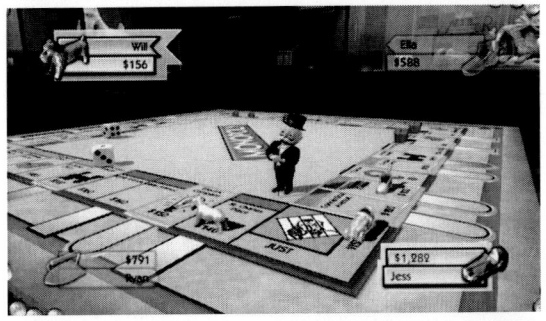

圖 1-1-11 電子遊戲《大富翁》

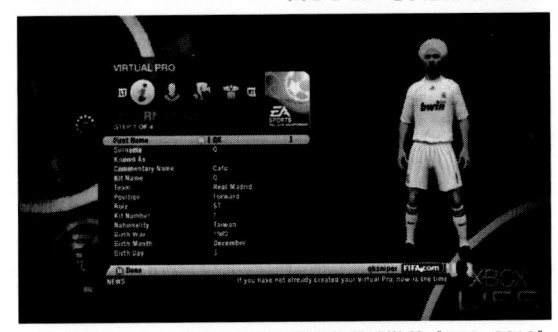

圖 1-1-12 著名的足球遊戲《FIFA 2010》

再來看電子遊戲《FIFA 2010》的畫面（圖 1-1-12），和真正的球賽分析表基本一致，球星的虛擬人物也十分寫實，有些大牌球星的習慣動作也被一一還原，這就是把實體場所進行的遊戲運動移植到 XBOX 的遊戲平台的一個例子。

二、遊戲的特點

雖然遊戲出現至今已有數千年歷史，形式也各異，但是遊戲的基本特點基本沒有改變。無論是體育競技遊戲、桌面遊戲還是電子遊戲，它們都具有以下特點。

圖 1-1-10 桌面遊戲《大富翁》的棋牌和"機會卡"

首先，遊戲必須要有娛樂性。如果一種遊戲讓人感覺枯燥無味，人們就會失去對遊戲的興趣轉而尋找其他的娛樂方式，如唱歌、跳舞等。但是這種娛樂性對於不同人群來說卻存在著本質的差異，如有的玩家喜歡《俠盜飛車》之類的動作遊戲，有的玩家則認為這種娛樂形式過於暴力。入門玩家喜愛的社區交友類網路遊戲，在資深玩家看來就完全沒有深度和挑戰性，他們更願意去玩一些具有遊戲文化內涵的經典單機遊戲。

其次，遊戲必須具有互動性。遊戲必須依托玩家的參與才能開始和進行。我們舉一個反例，如觀看電影，觀眾只能被動地觀賞，觀眾對劇中人物的命運、情節發展沒有任何影響。且反復播放劇情也不會發生改變。而遊戲與電影的顯著區別就是互動性，玩家的操作可以在螢幕上得到即時的回饋，進而影響遊戲劇情的走向。且不同玩家甚至同一玩家重複操作劇情也會不同。也就是說，玩家決定了遊戲的結果。因此，遊戲才成了人們最喜愛的娛樂方式之一。電子遊戲與電影可以有著相同的劇本，相同的表現方式，甚至於一些模型都可以通

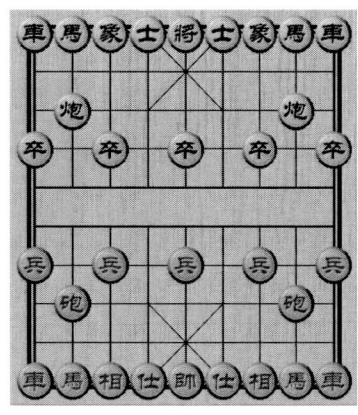

圖 1-1-13 中國象棋是對古代戰爭的模擬

圖 1-1-14 即時戰略遊戲《全面戰爭》

用，但是，遊戲的互動性給玩家帶來了和電影完全不同的娛樂體驗。遊戲的互動性對玩家的判斷力與協調性都是一個極大的鍛煉。

再次，遊戲必須具備限制規則，即"遊戲規則"或"遊戲機制"。遊戲規則包括：玩家在遊戲中須達成的目標或完成的任務，玩家在遊戲中可以實施的的活動及行為界限，遊戲進行步驟和遊戲預期目標和任務完成的判定條件。遊戲規則是遊戲的參與者甚至是大眾一致認同並必須遵守的，並且不可隨意調整。否則遊戲將會失去公平性。體育競技中運動員犯規，電子遊戲中玩家使用作弊器，都是對遊戲規則的一種破壞，因此在大部分遊戲和比賽中都存在一個中立者作為裁判。在電子遊戲中這個角色通常由電腦來擔任，而網路遊戲中由於作弊現象繁多，則由網路管理者（通稱 GM）來處理。

最後，遊戲是對現實事物或事件程序的抽象處理。以中國象棋為例，它來源於古代人們對於戰爭的理解和認識，將戰場和士兵抽象為棋盤與棋子（圖 1-1-13）。遊戲的抽象性，也是玩家獲得遊戲樂趣的重要原因，因為他們在遊戲中可以做到現實中所不可能操作和控制的事物。比如《微軟模擬飛行》遊戲包含的飛機介紹、飛行歷史、飛行技巧，完全可以說是一部電腦版的《飛行員指導手冊》，玩家只需一台電腦，便可體會真正飛機駕駛和翱翔藍天的的樂趣。

綜上所述，電子遊戲相比傳統遊戲又有其自身特點。

首先，電子遊戲平台需具備一個或多個可以顯示圖像、文字的顯示系統，可以提供像電影鏡頭一樣的遊戲活動畫面，玩家依靠顯示系統實現控制遊戲。如棋牌對戰、動作格鬥、戰爭模擬、角色養成、體育競技、迷宮探險等，由於電子遊戲可以虛擬出現實生活中無法達到的理想特效，這種視覺震撼力是傳統遊戲所無法提供的。如即時戰略遊戲《全面戰爭》（圖 1-1-14），遊戲以宏大的戰爭場面為亮點，可在一個螢幕內可以同時顯示出數萬人的 3D 畫面，這在桌面遊戲中幾乎無法實現的。

圖 1-1-15 《太鼓達人》的遊戲裝置

圖 1-1-16 Madden 遊戲被用作體育訓練工具

其次，電子遊戲是融合了多種藝術表現形式的優秀元素來提高自身趣味性的遊戲。電子遊戲透過與文學、美術、戲劇影視、音樂等藝術門類相結合，變化出不同的遊戲體驗。以 Namco 經典音樂遊戲《太鼓達人》（圖 1-1-15）為例，這部遊戲以日本的傳統樂器——太鼓的音樂為遊戲主題，以不同鼓的打擊節奏和打擊頻率為遊戲內容，讓玩家自己根據鼓譜打出富有韻律與動感的節奏。這部遊戲作品的專業性已經得到了日本太鼓演奏大師的認可，有的玩家甚至透過對本遊戲的精通而成長為正式的太鼓鼓手。

再次，網路資訊技術是電子遊戲相對於傳統遊戲的重要優勢。無線網路的全球性普及，讓玩家可以不受地點限制，隨時參與多人遊戲。電子遊戲的網路功能，不僅擴大了遊戲群體的規模，也為玩家在世界範圍內尋找高手對戰提供了可能。我們可以隨時悠閒的和在歐洲的某個玩家對決國際象棋等遊戲。

最後，電子遊戲具有靈活多變的可擴展性。電子遊戲是依託電腦程式軟體而產生的，那麼也自然可以透過軟體改寫進行升級和改版，甚至透過改編遊戲的開發源代碼可使玩家根據自己意願定制遊戲內容。風靡全球第一視角射擊遊戲《反恐精英》就是根據單機版戰略類比遊戲《半條命》中的連線對戰模式改編的。

三、遊戲的應用類型

遊戲是人類的天性，我們都會認為遊戲存在的目的只限於給人提供單純的娛樂。但隨著遊戲產業的發展，如今這種觀念已經被打破，由於電子遊戲的高度現實虛擬性和人機互動性，使它成功滲透在如教育、醫學、競賽訓練、設計、宣傳、國防與民意調查等一些非娛樂領域。業界將這類遊戲稱為嚴肅遊戲或工具遊戲，它是電子遊戲的一種專業性延伸，這種遊戲不以娛樂為目的，而是採用遊戲形式，讓用戶在遊戲過程中能夠接受一些資訊，得到訓練或學習，甚至是疾病的治療。嚴肅遊戲承載了領先娛樂遊戲市場的高新科技應用和專業知識拓展來進行，如專業技術訓練、金融模擬、教育以及健康與醫療等工作。還能夠解決其他方面的問題，如訓練士兵的多地形戰鬥能力、飛行員駕駛技術、藥劑師的實驗水平、運動員的戰術理解、金融市場變化的應對策略等方面。現在，IBM、Cisco、Johnson's、Alcoa 等企業都開始運用遊戲技術和平台來訓練員工和遠端聯繫員工，遊戲廠商和出版商也開始在嚴肅遊戲的領域大展拳腳，Electronic Arts（簡稱 EA，美國藝電公司）的橄欖球比賽遊戲 Madden（圖 1-1-16）在美國的學校球隊和職業球隊中都被作為訓練工具使用。嚴肅遊戲產業在美國發展迅猛，已佔據了北美技能培訓行業的大部分市場，並且還在以驚人的速度增長。

電子遊戲的應用領域非常寬廣，主要包括以下幾種。

1. 教育

教育培訓是電子遊戲應用的一大領域。研究發現在遊戲中人們掌握的知識要比單純學習快得多且更易接受，教育與電子遊戲的融合正達到這種效果。科學家利用電子遊戲技術開發教育培訓軟體，讓人們在玩遊戲過程中學習各種知識。這不僅是我們的一種合理的假設，科學家們也在進行有關的研究。英國格拉斯哥大學的裘蒂·羅伯森（Judy Robertson)博士於 2003 年建立了一個名為 DESIGN MY GAME(設計自己的遊戲)的工作室，她帶領 250 名 7 歲至 16 歲的兒童，讓孩子們在假期時間透過教育遊戲軟體，自由的創作屬於自己設計電子遊戲。透過三年的實驗，裘蒂驚訝的發現，孩子們的邏輯思考能力、寫作、溝通交流和團隊合作能力都有很大的提高。同時發現，一些角色扮演遊戲能給孩子們帶來巨大的寫作靈感，他們在遊戲中編寫的腳本遠比其他在校學生生動得多。

在日本，遊戲廠商 Square Enix 公司與教育書籍發行商 Gakken 公司合作，於 2006 年 5 月建立一個新的合資子公司 SG Lab（SG 實驗室）。子公司專注於研發"教育網遊"。這類遊戲被設計成委託商的預想主題，用來培訓遊戲者所服務的教育機構、工廠或職業訓練中心。

目前教育培訓領域的電子遊戲市場雖還屬於雛形階段，但還是有一些以教育培訓為目的的遊戲軟體已經佔據了大部分市場。

例如，2014 年，開發商 EASY TECH 公司在平板電腦的平台上開發的戰略遊戲《歐陸戰爭 4》

圖 1-1-17 嚴肅遊戲《駕車高手》，用於宣傳交通法

系列，就是以拿破崙戰爭時期為背景研發的遊戲，遊戲中的所有戰役的歷史背景、時間、將領、地圖，甚至是區域地形都被詳盡的列舉與表現出來。同樣的系列遊戲還有以兩次世界大戰和歐洲中世紀戰爭，英法百年戰爭等為題材的遊戲，這對學習歐洲歷史的學生尤為重要，它使學習過程變得輕鬆，而知識點也更容易被掌握。

2005 年北京前線網路公司為 CAA 的大陸汽車俱樂部實際開發了一款名為《駕車高手》（圖 1-1-17）的嚴肅遊戲，為了配合 CAA 的一次以交通安全知識普及為主題的社會活動，向消費者宣傳"駕車要繫安全帶""兒童乘車安全""不要酒後駕車"和"不要超速"4 個汽車駕駛員的基本常識。這款嚴肅遊戲是早期中國市場上較完整的嚴肅的遊戲之一。

圖 1-1-18　面對青少年的教育類網路遊戲

圖 1-1-19　政府用《美國陸軍》遊戲作為徵兵和訓練的工

當時《駕車高手》遊戲除了在 CAA 的官方網站宣傳外，很多駕駛員培訓學校也將其作為一個補充併入理論練習題。

2005 年，由上海盛大網路遊戲公司自主研發的面向中小學學生的教育類網路遊戲（圖 1-1-18）發行。該遊戲把主題定位於宣傳優秀的日常行為規範，讓青少年透過遊戲培養正確的道德觀和價值觀，進而接受思想道德教育。遊戲者在遊戲裡控制的人物形象是少先隊員，透過阻止遊戲人物的"說髒話""踩草坪""隨地吐痰"和"闖紅燈"以及"亂丟垃圾"等反面不文明行為，獲得一定的分值獎勵，透過說明他人來提升等級。

2. 軍事

當今世界上很多國家都在研發在軍事領域的電子遊戲。隨著電腦技術、人工智慧技術，無線控制技術的發展，先進國家不斷將先進的科研成果和技術應用於軍事嚴肅遊戲的開發，各種針對戰術戰略、格鬥技巧、武器操控與維修等方面的軟體應運而生。這類遊戲軟體的娛樂性只是作為輔助，操作這類遊戲也是日常訓練的一個專案，目的是提高軍官的指揮能力以及訓練士兵應對各種戰場情況的能力。

早在 1994 年，美國海軍陸戰隊就成立了世界上第一個遊戲軍事訓練結構；1995 年，美國空軍和陸軍緊隨其後，把遊戲作為軍隊訓練的有效輔助手段。2010 年之後，美國軍方更開始在一些國際的遊戲競技大賽中搜羅優秀的遊戲高手作為軍官培養。在發動對伊拉克戰爭的準備階段，美軍就利用電子遊戲來類比伊拉克首都巴格達的街區，從而訓練士兵熟悉巷戰地圖（圖 1-1-19）。美國 Break Away 公司，在"9·11"恐怖襲擊之前是一家以開發策略遊戲而聞名的公司，其市場重心一直以娛樂遊戲為主。而自從經歷了恐怖襲擊的威脅以後，公司開始關注嚴肅遊戲的發展。到目前為止，該公司已經是美國最重要的嚴肅遊戲開發商。他們開發的產品中，有 80%以上被用於美國的戰略防禦和國土安全建設。

利用電子遊戲輔助可以激發軍官與士兵對訓練的熱情，提高戰鬥素養。另外，利用電子遊戲輔助訓練還可以節省訓練經費。最重要的一點是他可以避免士兵在訓練中遭受傷害。雖然電子游戲不能完全代替實戰訓練，但作為實戰訓練的一種補充來說，其意義不可低估。

3. 醫學

醫學是電子遊戲涉及的另一個領域。主要是利用遊戲虛擬出患者的現實情況和還原一些有代表性的病例，使實習醫生得到大量的臨床練習或治療患者的心理疾病。這方面的研究和探索處在世界領先水準的是美國聖地牙哥科技園區的虛擬現實醫學中心。

在虛擬實境醫學中心，科學家運用高級三維虛擬實境技術和設備（資料目鏡、資料手套等）來治療諸如恐高、恐窄、恐黑、演講障礙等心理疾病。心理障礙類疾病本來就是透過藥物的傳統治療方法所無法治癒的，透過高度還原現實的電子遊戲，給這類疾病的治療方法帶來新的契機。這種技術在治療外傷導致的精神抑鬱、成癮行為等疾病方面也具有廣闊的前景，另外，結合虛擬現實交互設備的元素，遊戲還可以對醫療手術中的儀器操作等進行訓練。（圖 1-1-20）

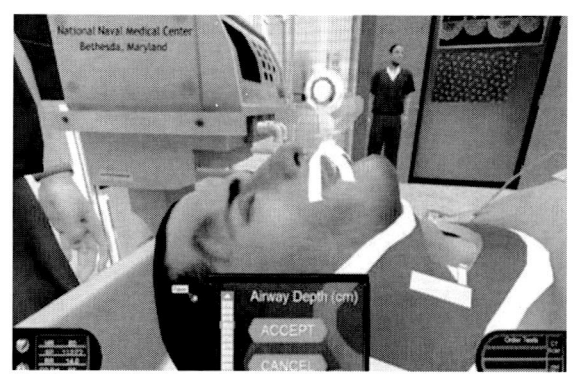

圖 1-1-20 醫療模擬遊戲 Pulse2

圖 1-1-21 《虛擬紫禁城》遊戲畫面

4.文化和旅遊

隨著世界一體化進程的加快，電子遊戲在文化和旅遊行業的作用業逐漸顯現。國內已經有公司開發出類似的遊戲軟體，讓多數遊客在遊覽名勝之前就對景區背後的歷史文化底蘊有更深的了解。比如《虛擬紫禁城》（圖1-1-21）這款遊戲。在遊戲中，玩家可以隨意的遊覽故宮裡的各個景區，比如玩家進入太和殿場景，不僅可以聽到、看到關於太和殿的介紹，還可以看到皇帝批閱奏摺的情景。玩家還可以和其他玩家在故宮裡進行下棋、鬥蟋蟀、射箭等互動遊戲。在虛擬紫禁城裡遊客不僅可以參觀故宮，更可以領略中國古代書法、繪畫、陶瓷等中國傳統文化。

電子遊戲在文化和旅遊領域的應用還有很大的拓展潛力。比如在介紹當地民族的禮儀、風俗、服飾、藝術等方面，採用嚴肅遊戲中的虛擬現實場景，會更加直觀。而在旅遊方面，世界各地的自然風光、地理地貌、民俗文化等用文字難以形象表達和理解的部分，採用電子遊戲的方式便可以實現"五湖四海任我遊"理想境界。

四、正確認識遊戲行為

遊戲是我們生活中必不可少的一個組成部分，我們在兒童時期都是透過遊戲手段接觸外界和瞭解世界的。隨著年齡的增長，人們遊戲時間逐漸縮短，但並不代表我們在成年之後就不需要遊戲，恰恰相反，成年人對遊戲的渴望通常要比兒童更強烈。遊戲也並不是只有單純娛樂功能，無論多簡單的遊戲，其中都包含著嚴謹的規律性，透過玩遊戲不僅可以鍛鍊人的邏輯思維，甚至可以鍛鍊人的意志或體會哲理。遊戲對成長時期的兒童尤為重要，兒童具有非凡的直觀感覺，他們能分辨遊戲中真實和虛擬的界限，並從中創造出各種規則來。透過這些規則又可以把已有的生活經驗結合到他們的遊戲世界中去，並且能從中體會到更豐富的新經驗，鍛鍊創造力。

與兒童玩的現實遊戲不同，成年人一般會偏好可以隨意開始和結束、可以儲存遊戲進度的電子遊戲。這樣可更自由地支配遊戲的時間。

雖然少數電子遊戲中不可避免地存在不同程度的暴力與成人內容，但這種現象絕不是電子遊戲的主流趨勢。如《模擬城市》《袍子》《文明》等遊戲，都是以真實的歷史素材或優美的傳說為遊戲背景，玩家在遊戲中歷練成長，開動腦筋，計畫策略發展經營自己所操控的角色。大部分遊戲宣揚的是一種堅韌不拔、積極向上的精神。研究證明，玩遊戲機可以刺激青少年的頭腦發育，促進手指的靈敏度。但是，近些年很多青少年甚至成人都出現了遊戲成癮和逃避現實社會的情況。青少年自我控制能力差，沉迷於電子遊戲的青少年長期固定在螢幕前，從而使他們喪失了應有的現實社會交往能力。

如今，開發遊戲的廠商也在遊戲中植入一些防止青少年過長時間沉迷遊戲的程式，強制性縮短其上網和遊戲時間，但這種方式只是輔助手段，多數情況仍需依靠青少年自身選擇適合的、健康的電子遊戲並合理控制遊戲時間，防止沉迷與成癮。

第二節 遊戲平台與組成要素

進入21世紀，遊戲已經成為現代人日常生活中不可缺少的一環。隨著生活水準的提高與資訊技術的進步，運用數位科技與創意結合具有休閒娛樂功能的產品與服務的數位休閒娛樂產業成為必然的發展趨勢，也使得數位遊戲正式成為社會大眾多樣化休閒娛樂的重要選擇之一。隨著科技話題的轉變，電玩遊戲甚至慢慢取代傳統電影與電視的地位，繼而成為家庭休閒娛樂的最新選擇。

此外，數位遊戲從專屬遊戲功能的平台開始發展，現已逐漸在不同類型的平台上進行娛樂，從電腦到平板電腦，甚至現在網上最為火熱的遊戲《開心農場》，可以使人們在虛擬世界中體驗當農夫的田園樂趣。

一、遊戲的組成要素

對於"遊戲"最簡單的定義，就是一種可以娛樂我們休閒生活的快樂元素。從更專業的角度形容，"遊戲"是具有特定行為模式、規則條件、能夠娛樂身心或判定輸贏勝負的一種行為表現。隨著科學技術的發展，遊戲從參與的物件、方式、介面與平台等方面，更是不斷改變、日新月異。以往單純設計給小朋友娛樂的電腦遊戲軟件已朝規模更大、分工更專業的遊戲工業方向邁進。遊戲題材的種類更是五花八門，從運動、科幻、武俠、戰爭到與文化相關的內容都躍上電腦螢幕。具體而言，遊戲的核心精神就是一種行為表現，而這種行為表現包含了四種元素：行為模式、條件規則、娛樂身心、輸贏勝負。

從古至今，任何類型的遊戲都包含了以上四種必備元素。從活動的性質來看，遊戲又可分為動態和靜態兩種類型，動態的遊戲必須配合肢體動作，如猜拳遊戲、棒球遊戲；而靜態遊戲則是比較偏向思考的行為，如智商遊戲、益智遊戲。不管是動態還是靜態的行為，只要它們符合上述四種遊戲的基本元素，都可以視其為遊戲的一種。

1. 行為模式

任何一款遊戲都有其特定的行為模式，這種模式貫穿於整個遊戲，而遊戲參與者也必須依照這個模式來執行。倘若一款遊戲沒有了特定的行為模式，那麼這款遊戲中的參與者也就玩不下去了。例如，猜拳遊戲沒有了剪刀、石頭、布等行為模式，那麼還能叫作猜拳遊戲嗎？或者棒球沒有打擊、接球等動作，那怎麼會有王建民的精彩表現。所以不管遊戲的流程複雜或簡單，一定具備特定的行為模式。

2. 條件規則

當遊戲有了一定的行為模式後，還必須制訂出一整套的條件規則。簡單來說，這些條件規則就是大家必須遵守的遊戲行為守則。如果不遵守這種遊戲行為守則的話，就叫作"犯規"，那麼就會失去遊戲本身的公平性。

如同一場籃球賽，絕不僅僅是把球丟到籃框中就可以了，還必須制訂出走步、二次運球、撞人等犯規的判定規則。如果沒有規則，大家為了得分就會想盡辦法去搶球，那原本好好的遊戲競賽，就要變成互毆事件了。所以不管是什麼遊戲，都必須具備一組條件規則，而且條件規則必須制訂得清楚、可執行，讓參與者有公平競爭的機會。

3. 娛樂身心

遊戲最重要的特點就是它具有的娛樂性，能為玩家帶來快樂與刺激感，這也是玩遊戲的目的所在，就像筆者大學時十分喜歡玩橋牌，有時興致一來，整晚不睡都沒關係。究其原因，就在於橋牌所提供的高度娛樂性深深吸引了筆者。不管是很多人玩的實體遊戲，還是透過電腦運行的電玩遊戲，只要好玩，能夠讓玩家樂此不疲，就是一款好遊戲。

例如，目前電腦上的各款麻將遊戲，雖然未必有實際的真人陪你打麻將，但遊戲中設計出的多位角色，對碰牌、吃牌、杠和出牌的思考，都具有截然不同的風格，配合多重人工智慧的架構，讓玩家可以體驗到不同對手打牌時不一樣的牌風，感受到在牌桌上大殺四方的樂趣。

4. 輸贏勝負

常言道：人爭一口氣，佛爭一炷香，爭強好勝之心每個人都有。其實對於任何遊戲而言，輸贏勝負都是所有遊戲玩家期待的最後結局，一個沒有輸贏勝負的遊戲，也就少了它存在的真實意義，如同我們常常會接觸到的猜拳遊戲，說穿了最終目的就是要分出勝負。

二、遊戲平台的種類

所謂"遊戲平台"（Game Platform），簡單地說，它不僅可以運行遊戲程式，還是遊戲與玩家們溝通的一種媒介，如一張紙便是一個遊戲平台，它就是大富翁遊戲與玩家的一種溝通媒介。遊戲平台又可分為許多不同類型。電視遊戲機與電腦當然是一種遊戲平台，稱為"電子遊戲平台"。

在不同的年代，電子遊戲平台的硬體技術也不斷地向上提升，從大型遊戲機、TV 遊戲主機、掌上型主機，慢慢地進入 PC 與網路的世界，遊戲畫面也從最早只能支援單純的 16 位遊戲發展到現在的 3D 高彩遊戲。

第三節 手機遊戲

近年來最當紅的 3C 商品是什麼？無疑是智慧手機，隨著智慧手機越來越流行，更帶動了 App 的快速發展，當然其他各品牌的智慧手機也都如雨後春筍般推出。而智慧手機 App 市場的成功，帶動了如《憤怒鳥》（圖 1-3-1）這樣的 App 遊戲開發公司的爆紅。App 即 Application 的縮寫，也就是移動設備上的應用程式，是軟體開發商針對智慧手機及平板電腦所開發的一種應用程式。App 的功能包括了日常生活的各項需求，其中以遊戲為主，最近越來越多的公司加入開發 App 遊戲的行列。

圖 1-3-1　手機遊戲《憤怒鳥》

手機遊戲有些透過無線網路下載到本地手機中運行，有的則需要同網路中的其他使用者互動才能進行遊戲。大家可以仔細觀察身邊來來往往的人群，將會發現無論是在車水馬龍的大街上，或者是在擠滿學生的速食店餐桌旁，以及上下班的公車上，隨時隨地都有人拿出手機來玩一番，他們多半是在玩手機遊戲來消磨時間。就像《憤怒鳥》，遊戲在非常短的時間內吸引了全世界的目光，由此我們可以預見在智慧手機與平板電腦持續熱賣的情況下，會有越來越多的消費者透過 App 商店來購買手機遊戲，從而也帶動了移動遊戲軟體的發燒熱潮。

隨著智慧手機及平板電腦逐漸攻佔世界各地消費者的錢包，手機遊戲產業可以說是近年來快速發展的新興產業。後 PC 時代來臨後，市場已經逐步將電腦產業的功能移轉至智慧手機應用上，所謂智慧手機（Smart Phone）就是一種在運算能力及功能上比傳統手機更強的手機，不但規格較高，傳輸速率較快，且多具備上網功能，可以說它正向一台個人的小型電腦目標邁進。特別是近年來由於無線傳輸技術的發展，手機也可以上網連線，也因此萌發了讓手機成為遊戲移動平台的想法。

例如，蘋果公司自從推出 iPhone 4S（圖1-3-2）手機後就將市場定位在手機遊戲上，手機內置雙核 A5 晶片，並擁有功能強大的 HTML 的電子郵件程式以及多功能流覽器——Safari。簡直可以形容成是一部集電話、拍照、上網於一身的袖珍手提電腦，更強化了顯示圖元的密度與全新的語音協助工具，並搭配 3.5 寸電容式多點觸控螢幕與 800 萬圖元攝像頭，堪稱遊戲與娛樂功能最強的移動設備，讓眾多蘋果迷們愛不釋手。

宏達電（HTC）研發的智能手機也備受消費者的青睞，HTC 都是以 Android 系統為主，搭配獨家的 SENSE 介面，其與 iPhone 所使用蘋果設計的 iOS 系統不同。優點是用戶對手機桌面更換自由度高，機種的選擇很多，價格也很廣泛，如 HTC Sensation，就是一款擁有多媒體頂級體驗的智慧手機。

平板電腦(Tablet PC)則是一種無需翻蓋、沒有鍵盤，但擁有完整功能的迷你型可攜式計算機，也是下一代移動商務 PC 的代表，可讓用戶選擇以更直觀、更人性化的手寫觸控板輸入或語音輸入模式來使用。自從蘋果 iPad 上市後，平板電腦旋風席捲全球，隨著電子書的流行，更帶動了平板電腦的快速普及。它不但可以存儲大量的電子書（e-Book），並能夠進行多媒體影像處理，還可以達到無線通訊的目的，當然也能讓玩家隨時隨地享受遊戲的樂趣。

圖 1-3-2 蘋果公司推出的 iPhone

一、iOS 作業系統

目前最當紅的手機 iPhone，是使用原名 iPhone OS 的 iOS 的智慧手機作業系統，蘋果公司以自家開發的 Darwin 作業系統為基礎，有 Mac OS X 核心演變而來，繼承自 2007 年最早的 iPhone 手機，經過了四次重大改版的 iOS 的系統架構分為 4 個層次，從 iPhone 5S 開始內建的 iOS6 擁有更完善的文字輸入法，並內置了對熱門中文互聯網服務的支援，從而讓 iPod、iPhone 和 iPad touch 更適合中文用戶。有了全新的中文詞典和更完善的文本輸入法，漢字輸入變得更輕鬆、更快速、更準確。你可以混合輸入全拼和簡拼，甚至不用切換鍵盤就能在拼音句子中輸入英文單詞。iPad 6 支援 30000 多個漢字，手寫辨識支援的漢字數量 增加了兩倍多。當你向個人字典添加單詞時， iClou d 能讓它們出現在所有設備上。百度已成為 Safari 的內置選項，還可以將視頻直接分享到 優酷網和土豆網（圖 1-3-3）。也能從相機、照片、地圖、Safari 和 Game Center 向新浪微博發布消息。

二、Android 作業系統

Android 是 Google 公司公佈的智慧手機軟體開發平台，結合了 Linux 核心的作業系統，可以使用 Android 的系統開發應用程式。承接 Linux 系統一貫的特色，也就是開放原始程式碼（Open Source Software，簡稱 Oss）的精神，在保持原作者原始程式碼的完整性條件下，不但完全免費，而且還可以允許任意衍生修改及修復，以滿足不同用戶的需求。Android 早期由 Google 公司開發， 後由 Google 與十幾家手機商家所成立的開放手機（Open Handset Allicance）聯盟所開發，並以 Java 作為 Android 平台下應用程式的專屬開發語言，開發時必須先下載 JDK。

Android 內置的流覽器是使用 WebKit 的瀏覽引擎為基礎所開發成的，配合 Android 手機的功能可以在流覽網頁時，達到更好的效果，還能支援多種不同的多媒體格式，如 MP4、MP3、AAC、AMR、JPG 等格式。另外，Android 的最大優勢就是與 Google 各項服務的完美整合，不但能享受 Google 上的優先服務，而且憑著 Open Source 的優勢，越來越受手機品牌及電信公司的青睞。

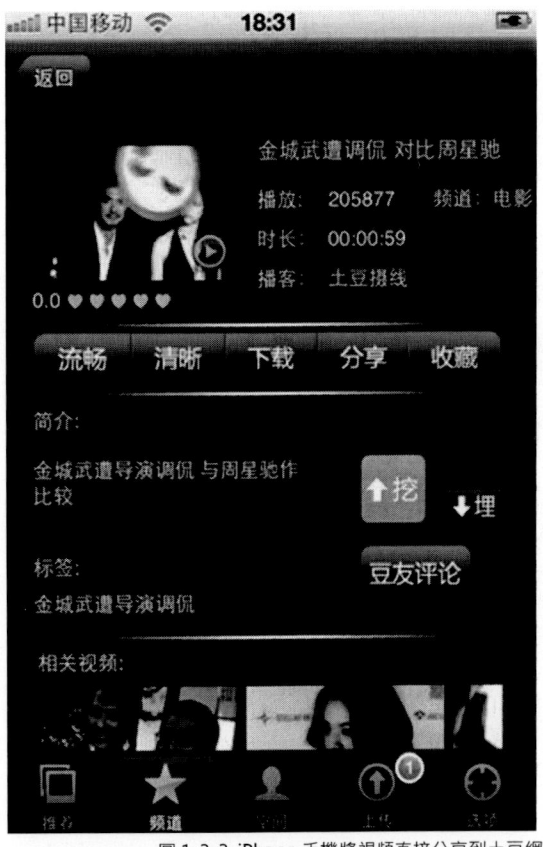

圖 1-3-3 iPhone 手機將視頻直接分享到土豆網

三、手機遊戲的發展

手機遊戲具有龐大的市場、可攜性、高級網路支援等優點，已經不是單純移動時使用，具有想玩就玩的方便性，容易上手，比起電腦或電視遊戲方便很多。隨著未來 5G 時代的來臨，各種移動上網、無線傳輸技術也在日新月異，讓手機遊戲市場具有更大的發展空間。

App Store 是蘋果公司基於 iPhone 而設的軟體應用商店，開創的一個讓網路與手機相融合的新型經營模式，讓 iPhone 使用者可透過手機免費試用裡面的軟體，只需要在 App Store 程式中點幾下，就可以輕鬆更新並查閱任意手機遊戲的資訊。App Store 除了對所販賣軟體加以分類，方便使用者查找外，還提供了方便的資金流處理方式和軟體下載安裝方式，甚至還有軟體評分。遊戲類軟體是蘋果 App Store 最重要的銷售類別之一。

Google 公司也推出 Android Market（目前已改成 Android Play）—線上應用程式商店，Android Market 平台系統向全球開放，只需要付一筆上傳平台的費用，就可以把自己編寫的遊戲程式放到 Android Market 平台，全世界的玩家可透過 Android 和 Marketplace 網頁查找、購買、下載及使用手機應用程式及其他內容，鑒於 Android 平台手機設計的各種優點，可預見未來手機遊戲將像今日的 PC 遊戲設計一樣普及。

當然，就目前手機的處理能力和性能而言，現階段支援 Java 的手機，和第二代遊戲機與早期電腦或手持遊戲機一樣，記憶體有限，小螢幕的操作介面只有撥號碼用的小鍵盤。不過 5G 通訊技術開通以後，手機上網速度加快。雖然遊戲的開發較為簡單，但透過網路的傳播，市場的反應卻十分迅速，產品大賣。因此，手機遊戲的潛在市場促使開發者不斷推陳出新。

第四節 網路遊戲

早期的遊戲多是單機版的，如《仙劍奇俠傳》和《軒轅劍》（圖 1-4-1、圖 1-4-2），是在遊戲公司設計好遊戲軟體後，在各大電腦賣場鋪貨，用戶購買後才能在個人電腦上使用。好的遊戲會吸引玩家購買，同時也會引來盜版的"青睞"。

隨著寬頻網路應用的普及與單機遊戲模式化，網路遊戲佔據了最大的市場。網路遊戲可細分為網頁遊戲、局域網遊戲等。與傳統的遊戲不同，網路遊戲可透過網路與其他玩家產生互動，如區域網路遊戲就可允許少數玩家建立一個小型的局域網（LAN）進行遊戲對戰。

對於生活在這一時代的青少年，電腦與網絡所提供的休閒娛樂功能遠勝於其他電子多媒體，網路遊戲已成為年輕人休閒娛樂中不可缺少的部分。

一、瞭解線上遊戲

隨著網際網路的日益普及，WWW(World Wide Web)的應用方式成形，線上遊戲的潛在市場大幅增長。

圖 1-4-1　單機版遊戲《仙劍奇俠傳》

圖 1-4-2　單機版遊戲《軒轅劍》

圖 1-4-3　即時戰略遊戲《星海爭霸》

圖 1-4-4　微軟推出的《帝國時代》

　　線上遊戲近幾年成為非常熱門的行業，無論是國內還是國外，線上遊戲的產值都在不斷地增長。線上遊戲成就了網路時代的全新商業模式——不需要實體商店的電子商業模式，只靠收取連結費用。這是由於網路社群的存在以及其高度的互動性與黏性。線上遊戲基本解決了盜版的問題，儘管全球經濟不景氣，線上遊戲因為與基本娛樂需求掛鉤，加上用戶平均花費有限，因此，產業市值不斷增長，成為市場上增長最快的遊戲軟體種類。

二、線上遊戲的發展

　　簡單來說，線上遊戲就是一種可透過網路與遠端伺服器連接，從而進行遊戲的方式。20世紀80年代由英國發展出的最早的大型多人線上遊戲——《網路泥巴》（Multiple User Dungeon，簡稱 MUD）算是始祖。

　　MUD 是一種存在於網路，多人參與，用戶可擴張的虛擬網路空間。其介面是以文字為主，最初目的僅在於提供給玩家一個透過電腦網絡聊天的管道，讓人感覺不夠生動活潑。台灣第一款自製的大型多人線上遊戲是《萬人之王》，而在世界範圍內首先流行的應屬即時戰略遊戲《星海爭霸》（圖 1-4-3）及微軟推出的《帝國時代》（圖 1-4-4）。

　　即時戰略遊戲是一種連線對戰遊戲。這類聯機的遊戲是由一個玩家先在伺服器上建立一個遊戲空間，然後其他玩家可加入該伺服器參與遊戲。遊戲地圖千變萬化。玩家可以享受團隊競爭的樂趣。目前此類遊戲產品以歐美遊戲居多，如曾經紅極一時的線上遊戲《反恐精英》，它採用團隊合作的網路遊戲模式，玩家在遊戲中可扮演恐怖分子與反恐特種部隊，將真實對抗搬進虛擬世界，玩家可以體驗遊戲逼真的槍戰效果及前所未有的感官刺激。

目前網絡遊戲以大型多人角色扮演遊戲（Massive Multiplayer Online Role-Playing Game,MMORPG）為主流，玩家必須花費相當多時間來經營遊戲中的虛擬角色。例如，由遊戲橘子代理的韓國線上遊戲《天堂》（圖1-4-5）曾異常火爆，那時候《天堂》幾乎成了網路的代名詞。為了吸引更多的玩家，MMO RPG在內容風格上也逐漸擴展出更多的類型，如以生活和社交、人物或寵物培養為重心的另類休閒角色扮演遊戲。

圖1-4-5 遊戲橘子代理的韓國線上遊戲《天堂》

三、虛擬寶物與外掛

線上遊戲吸引人之處，就在於玩家只要持續"上網練功"就能獲得寶物，如線上遊戲發展到後面產生了可兌換寶物的虛擬貨幣。虛擬寶物就是遊戲內的虛擬道具或物品。隨著線上遊戲的發展，一些虛擬寶物因其取得難度高，開始在現實世界中進行買賣，其價值已延伸至現實生活中，甚至能和現實世界中的貨幣兌換。

隨著線上遊戲的魅力日增，且虛擬貨幣的商品價值日漸增大，這類價值不菲的虛擬寶物需要投入大量的時間才可能獲得，因此出現了不少針對線上遊戲設計的外掛程式，可用來修改人物、裝備、金錢、機器人等，其最主要的目的是快速提升等級，進而縮短投資在遊戲裡的時間。

這些虛擬寶物及貨幣，可以轉賣給其他玩家來賺現實世界的金錢，虛擬幣與現實貨幣可以按一定的比率兌換，這種交易行為在過去從未發生過。更有一些線上遊戲玩家運用自己的電腦知識，利用特殊軟體（如特洛伊木馬程式）植入他人電腦或某些網站從而獲取其他玩家的帳號及密碼，或用外掛程式洗劫對方的虛擬寶物，再把那些玩家的裝備轉到自己的帳號上來。由於目前虛擬寶物一般已認為具有財產價值，所以上述這些行為實際已構成犯罪。

線上遊戲吸引人之處，最主要的就是有了大量人的參與，這就產生了比較與競爭，因此外掛會造成線上遊戲的極度不公平，好比考試作弊對正常考生會產生傷害一樣。外掛的大量入侵，造成沒有使用外掛玩家的極度反感。另外，因為玩家長期處於"掛機"狀態，伺服器需要消耗更多資源來處理這些並非人為控制的角色，讓伺服器端的工作量激增。從遊戲公司的角度來看，這對其形象與成本都具有一定的負面影響。

說到外掛問題，一般玩家對它的痛恨程度大概僅次於帳號被盜用。所謂外掛，是一種遊戲中的外掛程式（Plug-in），是一種並非遊戲公司所設計的電腦程式。最常見的外掛就是遊戲外掛，遊戲外掛的定義通常是"遊戲惡意修改程式"，如利用外掛修改遊戲中的存檔資訊，這可讓很多不是遊戲高手的玩家，也能輕易通關。簡單來說，"外掛"這個名詞在目前電腦遊戲中通常指各種遊戲的作弊程式。

四、線上遊戲技術簡介

線上遊戲的魅力在於玩家之間能夠充分互動。簡單地說，線上遊戲技術的基本運作就是由玩家購買的用戶端程式連上廠商所提供的付費伺服器。服務器提供一個可以活動的虛擬網路空間。由於網路的四通八達，一台主機不可能只接受一個玩家，玩家能夠從不同地方進入同一台主機。以伺服器端的觀點來看，即必須知道玩家到底是正在把過關資料寫入，還是在讀取主機的資料。

單機遊戲與線上遊戲的架構有相當大的不同，最大不同之處在於流程的驅動，單機與連線驅動的差別在於控制其資訊的驅動元件不相同。一般進行單機遊戲時，若有一個角色在遊戲中，其驅動是由人工智慧來控制其行為，但在線上遊戲中，該角色可能是另一名玩家。

基本上，一款線上遊戲的開發重點大概可分為遊戲引擎、美術設計與伺服器系統三個重點。而一款線上遊戲上市後的成敗與否與伺服器的軟硬體穩定性與網路品質，也就是遊戲流暢度有很大關係。

由於網路軟硬體架構品質不夠統一，因此在線遊戲在開發時的最重要的問題在於連線延遲（Lag），每一個連接節點的處理狀況，都會影響到遊戲的整體速度。由於線上遊戲涉及網路聯機的層面，在此先簡單為各位介紹基本概念。基本上，網路連線問題可以關注以下三個要點。

首先是網際網路地址。網際網路地址即我們常稱 IP 位址（Internet Protocol Address），IP 地址代表電腦在網路上的位址，每台電腦要連接網路都必須有一個獨一無二的 IP 位址。要進行網路連線，本機電腦自己要有一個位址，要連接到的目的電腦也需要有個位址。

其次是埠具有網路連線能力的應用程式，在傳遞資料時都必須透過一個指定埠。當目標電腦的作業系統接收到網路上所傳來的資料時，電腦就是根據這個埠資訊來判別來源的，並將這些資料交給專門的應用程式來處理。我們將"一個 IP 位址加上一個埠"的組合稱之為"Socket 位址（Socket Address）"，這樣就可以識別資料是屬於網路上哪台主機的哪一個應用程式。Socket 的概念較為抽象，為加深理解，我們不妨設想一下場景：兩台電腦後有個插座，而有一條電線透過插座連接兩台電腦，資料就像是電流一般在兩台電腦之間傳輸。Socket 是電腦之間進行通信傳輸的管道。只要透過 Socket，接收端就可以接收到發送端傳送的任何資訊。當然，發送端可以在近處，也可以在遠方，只要對方的 Socket 和自己的 Socket 產生連接就能通行無阻。

要開發一個 Socket 網路應用程式，首先必須包含伺服器端和用戶端。伺服器端用來聆聽網路上的各種連結，並等待用戶端的請求，當伺服器端和用戶端的 Socket 連結成功之後，就形成了一個點對點的通信管道。

一般來說，線上遊戲所使用的通信協定是用戶資料包協定（UDP），而不是面向連結的 TCP 協定。原因在於 TCP 的可靠性雖然好，但其缺點是所需要的資源較高，每次需要交換或傳輸資料時，都必須建立 TCP 連結，並在資料傳輸過程中需要不斷地進行確認與應答工作。

線上遊戲的資料傳輸屬於小型但傳輸頻率很高的資料傳輸方式，必須考慮到大量存儲遊戲角色資料的可能性，這些工作都會耗掉相當多的網絡資源。UDP 則是一種無連結資料傳輸協定，允許在完全不理會資料是否傳送至目的地的情況下進行傳送，雖然這種傳輸協議可靠性差，但適合於廣播式的通信，因為 UDP 還具備一對多傳送資料的優點。以用戶端來說，它與單機遊戲的架構十分近似，但必須考慮連線物件與資料處理機制，這也讓用戶端的設計變得比一般單機遊戲複雜。例如，單機遊戲的 NPC 行為模式由用戶端自行處理，但是在線上遊戲中卻是由伺服器按照實際人物在遊戲世界中的位置，透過連線將人物的相關資訊傳送至用戶端，用戶端接收資料幀後再將人物呈現出來。人物的資訊包括種族、性別、臉型、裝備、武器、狀態，甚至對話資訊等，數據庫（DB）、多執行緒（Multithreading）、記憶體管理等都是極為重要的技術。以記憶體管理為例，伺服器將接收到來自眾多用戶端的成千上萬的數據幀，並且連續長時間地運行，若記憶體不能有效地管理，伺服器端往往承受不住這龐大的負荷，這也會影響到伺服器端本身的性能與穩定性。

五、線上遊戲的未來發展

線上遊戲的興起徹底改變了遊戲開發商的商業模式，以往的單機遊戲必須依靠實體商店去鋪貨，現在物件已轉向虛擬的網路。自線上遊戲推出以來，遊戲產業發展趨勢一直受限於美、日、韓遊戲經營商。在考慮技術及行銷成本策略下，多半以代理方式為主，如《仙境傳說》(圖1-4-6)、《楓之谷》(圖1-4-7)和《天堂》等都屬於韓國遊戲。

由於線上遊戲在劇情架構上具有延伸性，而且玩家需要經過一段時間才能積累起其經驗值與黏著性，故在放棄舊遊戲而去玩新遊戲的成本相對較高的情況下，玩家的忠誠度通常相當高。加上玩家除了享受一般單機遊戲的樂趣外，更能通過各種社區交談功能認識志同道合的新朋友，這對於整個遊戲市場人口的擴大，扮演了很重要的角色。因此它的商業模式也因時代背景及玩家的需求，不斷地調整、競爭與創新，從急速興起到泡沫化後的成熟期，並且由單機購買到線上，由收費到免費。

對於線上遊戲來說，軟體的銷售僅占其營收的一小部分，而主要營收來源是來自玩家上網的點數卡或會員會費收入，如線上遊戲的付費方式可分為免費遊戲與付費遊戲兩種。付費遊戲多數是高服務品質的線上遊戲，定時升級遊戲以減少遊戲程式錯誤與漏洞。這類遊戲以點卡充值為主要收費方式，至於身上的道具、倉庫、創建人物、新資料片都不需要再額外收費。因為進入遊戲需要繳費，所以不容易衝高使用人數，付費遊戲需要一定的時間及足夠的行銷費用。

圖 1-4-6　韓國遊戲《仙境傳說》

圖 1-4-7　韓國遊戲《楓之谷》

至於對遊戲要求較低的非死忠玩家市場，就走入免費行列，近年來線上遊戲都偏向於免費遊戲，所以其人氣通常會飆升。不過如果要購買遊戲中的虛擬道具或裝備，則需另外付費購買，甚至有些免費線上遊戲收費模式不同於以往使用者付費的概念，也就是玩家如果不想花錢購買遊戲內的道具、寶物、創新人物、上乘商品、遊戲新版本等，依然可以繼續玩遊戲，且帳號不會因此被停權而無法進行遊戲，也就是使用者付費，不使用者免費。

近年來經濟不景氣造成"宅經濟"當道，讓大量失業又不想出門的人尋找適合的娛樂方式。線上遊戲龐大的利潤商機吸引了許多新興行業進入市場。就供給分析，目前市場上的網路遊戲無論在數量上還是題材上皆少得可憐，而看准其未來的可能商機，目前商家則是陸續推出更多題材與更多數量的線上遊戲軟體。

線上遊戲的業績起伏與市場經濟無明顯聯繫，但受消費者開支的影響。由於目前免費遊戲盛行，加上大型多人線上遊戲收費規則逐漸穩固，現在市面上早有數百款遊戲供消費者選擇，線上遊戲產業已經由早期賣家市場轉成買家市場。由於個體玩家的喜好不同，因此不同題材的遊戲能夠吸引不同的玩家，多數玩家不會同時玩太多遊戲，而是集中在一兩款遊戲，所以一款遊戲持續受歡迎的程度，在於開發團隊持續不斷地更新，拓展遊戲腳本的趣味性並帶動遊戲的研發深度。

六、網頁遊戲

網頁線上遊戲，即指網頁伺服器，又稱網路遊戲。早在20世紀90年代，歐美就出現了許多網頁遊戲。近幾年，正值遊戲產業急速成長的時刻，開發成本相對較低的網頁遊戲自然也成為業界開發的重點目標之一。與線上遊戲相比，網頁遊戲中的場景規模沒有那麼大，也沒有辦法呈現較佳的畫面效果。網頁遊戲多半從即時策略、模擬經營等方面著墨，以彌補畫面上的不足。

一般線上遊戲都需要下載與安裝用戶端軟件，對電腦配置要求也越來越高，而且運行遊戲需佔用一定的資源和空間，網頁遊戲具有簡便小巧的特性，玩家在進行網頁流覽、通信聊天的同時即可玩遊戲。

線上遊戲也面臨著新的競爭威脅，其中之一便是逐漸興盛的 SNS（Social Networking Services）網站，如Facebook等。SNS網站是一種社交類網頁遊戲，黏著度高。所謂網頁遊戲（Web Game），指的是用戶透過流覽器即可進入遊戲世界的一類遊戲，使用者不需要安裝用戶端程式，只需申請一個帳號即可。

第五節 電視遊戲機

電視遊戲機是一種玩者可以借助輸入裝置來控制遊戲內容的主機。輸入裝置包括搖桿、按鈕、滑鼠，並且電視遊戲機的主機可和現實設備分離，從而增加了其可移動性。電視遊戲玩家的年齡段相對於電腦遊戲玩家而言要低許多。世界上公認的第一台電玩機是Atari公司於1977年出產的Atari 2600。

一、任天堂

1983年，任天堂（Nintendo）公司推出了8位的紅白機後，這個全球總銷售量6000萬台的超級巨星。雖然現在的TV遊戲機一直不斷推陳出新，不過它們還是不能取代紅白機在一些玩家心中鼻祖的地位。這也決定了日本廠商在遊戲機產業的龍頭地位，現在不同平台的TV遊戲（如

PS3、XBOX等）如雨後春筍般推出，但任天堂遊戲機仍是全球市場的主流。

所謂紅白機，就是任天堂公司出產發行的 8 位 TV 遊戲機，正式名稱為"家用電腦"（Family Computer,簡稱 FC）。為什麼稱為"紅白機"呢？因為當初 FC 在剛出產發行的時候，就是以紅白相間的主機外殼來呈現，所以叫"紅白機"（圖 1-5-1）。

1996 年，任天堂公司又推出 64 位 TV 遊戲機，即"任天堂64"（簡稱N64）（圖1-5-2），其最大特色就是它是第一台以四個操作介面為主的有機主機，並且以卡匣作為遊戲的存儲載體，這大大提升了遊戲的讀取速度。

GameCube 是任天堂公司所推出的 128 位 TV 遊戲機（圖 1-5-3），也是屬於遊戲專用的遊戲主機。它沒有集成太多影音多媒體功能。另外，為了避免和 Sony 的 PS2、微軟的 X-box 正面衝突，任天堂把精力全部集中在加強 GameCube 遊戲的內容品質上，其"瑪麗兄弟"更是歷久彌新，到現在仍然有許多玩家對它情有獨鍾。所以 GameCube 的硬體成本自然就可以壓得很低，售價也成為最吸引玩家們的地方。

掌上遊戲機可以說是家用遊戲機的一個變種，它強調的是便攜性，因此會犧牲部分多媒體效果。掌上遊戲機由於輕薄小巧的設計，加之種類豐富的遊戲內容，向來吸引不少遊戲玩家。在機場或車站等候室，經常可以看到人手一機來打發無聊的時間。

近年來由於消費水準日漸提升，一般單純的掌上遊戲機已無法滿足玩家的需求，因此許多可攜式電子產品（PAD、行動電話、移動記憶體等），也紛紛投身於這塊尚未完全開拓的廣大市場之中。

例如，GAME BOY 是任天堂所發行的 8 位掌上遊戲機(圖 1-5-4)，其中文意思是"遊戲小子"。一直到現在，市面上還在流行。之後還推出了各式各樣的新型 GAME BOY 主機。任天堂於 2006 年 3 月推出的掌上型主機 NDS-Lite(NDSL)（圖 1-5-5），則具有雙螢幕與 Wi-Fi 連線的功能，翻蓋式設計與上下螢幕是其重要特點，下屏為觸控式螢幕，玩家可以使用觸控筆進行遊戲操作。

事實上，由於 PS2 和微軟的 X-box 帶來的競爭，從 1994 年起，任天堂機就失去了它在遊戲界的領導地位。不過在 2006 年強勢推出的 Wii 遊戲機在市場上受到高度歡迎。與 GameCube 最大的不同點在於 Wii 開發出具有革命性的動態感應無線遙控器手柄與指針，並配備有 512MB 的記憶體，這對遊戲方式來說是一場革命，將虛擬實境技術推前了一大步。(圖 1-5-6)

圖 1-5-1　1983 年任天堂公司推出的 8 位紅白機

圖 1-5-2　任天堂 64

圖 1-5-3　任天堂公司所推出的 128 位 TV 遊戲機 GameCube

圖 1-5-4 任天堂發行的 8 位掌上遊戲機 GAME 　　圖 1-5-5 2006 年 3 月推出的改良版 ND Lite(NDSL) 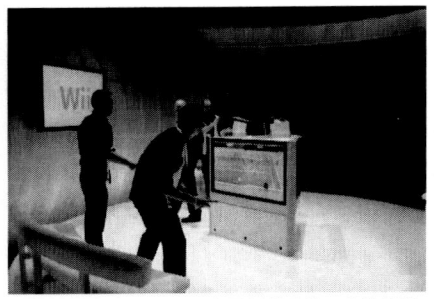　　圖 1-5-6 2006 年強勢推出的 Wii 遊戲機

圖 1-5-7 Sony 公司所推出的 PS 遊戲機 　　圖 1-5-8 Sony 於 2006 年開發的次世代 PS3 遊戲機 　　圖 1-5-9 微軟 XBOX

這款遊戲機的遙控器可以套在手腕上模擬各種電玩動作直接指揮螢幕，透過 Wii Remote 的靈活操作，平台上的所有遊戲都能使用指向定位及動作感應，從而讓用戶彷若置身其中，如下例所示。

比如，你在遊戲進行時做出任何實際動作（打網球、打棒球、釣魚、打高爾夫、格鬥等），無線手柄都會類比振動並發出真實般的聲響。如此一來，玩家不但能有身臨其境的感受，還能手舞足蹈地將自己融入遊戲情境中。

二、Play Station

談到 TV game，絕對不能忽略任天堂的另一個強勁對手──索尼（Sony）公司。Sony 產品的發展史就是一個不斷創新的歷史，自從 1994 年 Sony 憑藉著優秀的硬體技術推出 PS 之後，兩年內就熱賣一千萬台。PS 它是 Sony 公司所出產的 32 為 TV 遊戲機，為 Play Station 的縮寫，意思為"玩家遊戲站"。（圖 1-5-7）

對於 PS 此款遊戲機的歷史，我們可以說是電玩史上的一個奇蹟。它的最大特色就在於 3D 指令週期，許多遊戲都在 PS 遊戲主機上，讓 3D 性能發揮到了極限，其中最吸引玩家的地方就是可以支援許多畫面非常華麗的遊戲。

目前 PS 系列最新型的機種是 Sony 於 2006 年所開發的次世代 Play Station 遊戲機（簡稱為 PS3）。它的外形是超流線型，共有白、黑、銀三種顏色，最大特色是內置了藍光播放機（Blu-ray Disc），使遊戲玩家能夠欣賞到超高畫質影片，並可以將數位內容存儲在遊戲機上，再轉到電視機上播放。（圖 1-5-8）

三、XBOX

XBOX,則是微軟（Microsoft）公司推出的 128 位 TV 遊戲機（圖 1-5-9），也是微軟的視頻遊戲系統。它可以帶給玩家們有史以來最具震撼力的遊戲體驗。XBOX 也是目前遊戲機中擁有最強大繪圖運用處理器的主機，能給遊戲設計者帶來從未有過的創意想象技術與發揮空間，並且能創造出夢幻與現實界限變得模糊的超炫遊戲。目前最新型 XBOX 360 的遊戲可以存儲在硬盤中，並提供了影像、音樂播放及相片串流的功能。由於其內置有 ATi 影像處理器，遊戲畫面精致度大為提高，播放也更加流暢，畫質性能表現更高於目前 PC 上大多數的顯卡。

第六節　大型遊戲機

大型遊戲機就是一台富有完整週邊設備(顯示、音響與輸入控制等)的娛樂機器。通常它會將遊戲的相關內容，燒錄在晶片之中加以存儲，玩家可透過機器所附帶的輸入裝置（搖桿、按鈕或方向盤等特殊設備）來進行遊戲的操作。例如，街機就是一種用來放置在公共娛樂場所的商用大型專用遊戲機。

說起電玩，大家首先想到的就是擺放在賭博類型遊藝場所或百貨公司裡經營的大型遊戲機，所以往往給人較負面的印象。但不可否認，它是所有遊戲平台的鼻祖，而且到現在仍然經久不衰。

基本上，大型遊戲機多半以體育與射擊性遊戲為主，之所以遊戲內容選擇這種肢體運動幅度較大的題材，是因為這類遊戲機都會設有專用的放置場所。大型遊戲機的優缺點如下。

優點：它集成了螢幕與喇叭等多媒體設備。遊戲的聲光效果是其他平台所無法比擬的，最具現場感與身臨其境的震撼效果。

大型遊戲的操作介面針對具體遊戲設計，因此比其他遊戲平台更貼心、更人性化。

大型遊戲的遊戲內容屬於模組化設計，封裝在晶片之中，因此不需要考慮是否會發生硬體設備不足而無法執行遊戲的錯誤現象。

運行遊戲前，不需要任何安裝操作，直接上機即能開始進行遊戲。

缺點：價格較為昂貴。

由於遊戲是封裝在晶片之中，如要切換遊戲，則必須更換機器內部的遊戲機主機板，因此每台大型機幾乎只能運行一種遊戲程式。

大型遊戲機的制作廠商相當多，但世嘉（SEGA）公司的產品幾乎壟斷了國際上大型遊戲機市場，而且成功地把許多 TV 遊戲機上的知名作品移植到大型遊戲機上（圖 1-6-1）。走入街頭巷尾的遊藝場，我們看到的電動玩具機和遊戲軟體多數都是 SEGA 的產品。除了許多自 20 世紀 80 年代就紅極一時的運動型遊戲外，世嘉也曾推出像《甲蟲王者》等頗受好評的益智遊戲。益智遊戲可以讓小朋友在大型機遊戲當中見識到大自然的百態，因此也受到家長與小朋友的喜愛。

圖 1-6-1 世嘉大型遊戲機

第七節 單機遊戲

隨著電子遊戲在 PC 上的發展，電腦也儼然成為電子遊戲的一種最重要的遊戲平台。自從 APPLE Ⅱ 成功地將電腦帶入一般民眾家庭後，就有了一些知名的電腦遊戲，如骨灰級遊戲《創世紀系列》《反恐精英》以及《超級運動員》（圖 1-7-1）和《櫻花大戰》（圖 1-7-2）等。

單機遊戲是指僅使用一台遊戲機或者電腦就可以獨立運行的電子遊戲。由於電腦的強大運算功能以及多樣化外界媒體設備，使得電腦不僅僅是實驗室或辦公場所的最佳利器，更是每個家庭不可或缺的娛樂重心。早期的電子遊戲多半都是單機遊戲，如《帝國時代》（Age of Empires，簡稱 AOE），《軒轅劍》《巴冷公主》以及《魔獸爭霸》（圖 1-7-3）等。

與電視遊戲不同，單機遊戲是在電腦上進行，它並非一台單純的遊戲裝置，電腦強大的運算功能及其豐富的週邊設備，使得它幾乎可以用來進行各種可能的運算工作。單機遊戲結合了大型機與家用遊戲機的遊戲優點，不僅能營造出強大的影音效果，而且可隨意切換所要進行的遊戲。此外，在電腦上的單機遊戲還能配合使用特殊的控制設備，把遊戲的臨場感表現得淋漓盡致。

近年來，隨著線上遊戲的興起，單機遊戲日漸式微，大部分線上遊戲的耐玩程度及互動程度都比單機遊戲高。而當今遊戲市場中最主力的玩家應該是 12～25 歲的青少年，這個年齡層次的玩家最重視的就是與夥伴之間的聯繫和互動，傳統的單機版遊戲不管做得多好，都無法讓玩家感受到與人互動及聊天的樂趣。這也造成了單機遊戲的日益不景氣，原因可以歸納為以下幾點。

圖 1-7-1 《超級運動員》

圖 1-7-2 《櫻花大戰》

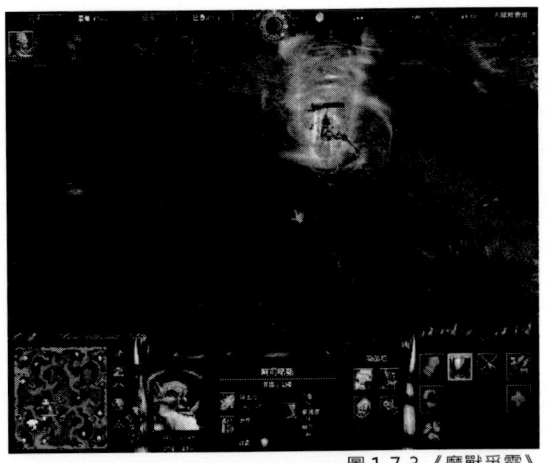

圖 1-7-3 《魔獸爭霸》

首先，單機遊戲的盜版風氣太盛，只要有一定的銷售量或名氣，上市後不出三天就能發現"漫山遍野"的各種盜版的大補貼，這也是現在市場上普遍流行線上遊戲的最主要原因之一。

其次，由於電腦由各種不同的硬體設備組成，而每款單機遊戲對硬體的要求標準不一，所以常常造成相容上的問題，加上安裝與運行遊戲過程繁雜，玩家必須對電腦有基本的操作常識，才能夠順利進行遊戲。

再次，一些影音效果十足、畫面設計精美的單機遊戲，雖然也受到不少玩家的青睞，不過隨後卻發現電腦單機遊戲的畫面怎麼也無法跟電視遊戲機媲美。所以為了追求更好的聲光效果，寧可買 PS、GC、XBOX 來玩，也不願意花錢買計算機遊戲卻享受次級的聲光效果，這也造成了單機遊戲玩家慢慢流失。

最後，在市場不景氣，所有人的荷包都縮水的時候，一些非必要性的支出會被刪減。單機遊戲一次所付出的成本較重，而大部分的玩家都不是經濟獨立的個體，所以在經濟不景氣的狀況下市場難免會受到影響。

第八節 遊戲相關硬體常識

電腦硬體不斷發展，遊戲的製作技術也在不斷地進步。遊戲是對整個電腦系統綜合性能的考驗，遊戲對硬碟傳送速率、記憶體容量、CPU 運算速度等也有不同程度的要求。電腦相關設計有沒有符合遊戲的基本硬體需求，也是影響遊戲執行性能的重要原因，如玩家們玩遊戲最重要的是三樣電腦配備：CPU、顯卡和內存。作為一個夠格的玩家應該對遊戲相關硬體有一定的常識。

一、CPU

"中央處理器"（Central Processing Unit，簡稱 CPU）的微處理器是構成個人電腦運算的中心，它是電腦的大腦、資訊傳遞者和主宰者，負責系統中所有的數值運算、邏輯判斷及解讀指令等核心工作。CPU 是一塊由數十個或數百個 IC 所組成的電路基板，後來因積體電路的發展，處理器所有的處理元件得以濃縮在一片小小的晶片上。在遊戲中，CPU 主要負責影像處理工作，對於玩家來說，不同的遊戲在不同的 CPU 上會有不同的效果。通常單機遊戲是否能順暢執行，大部分要看 CPU 的性能。雖然 CPU 對於玩遊戲的影響沒顯卡明顯，但 CPU 頻率高低對運算速度仍然會有影響。

CPU 內部有一個像心臟一樣的石英晶體，CPU 要工作時，必須要靠晶體震盪器所產生的脈波來驅動，因此被稱為系統時間（System Clock），也就是利用有規律的跳動來掌控計算機的運作。

每一次脈動所花的時間，稱為頻率周期（Clock Cycle），至於 CPU 的執行速度，則稱為工作頻率或內頻，它是測定電腦運作速度的主要因素，以兆赫（Megahertz，MHz）與千兆赫（Gigahertz，GHz）為單位。例如，8000MHz，也就是每秒執行 80 億次。

近年來，由於 CPU 的技術的不斷提高，CPU 的執行速度已提高到每秒十億次（GHz），如 3.2GHz 的執行速度即為每秒 3.2GHz，等於每秒 3200MHz，也就是每秒執行 32 億次。

執行一個指令，通常需要數個頻率，我們又常以 MIPS（每秒內所執行百萬個指令數）或 MFLOPS（每秒內所執行百萬個浮點指令數）稱之。以下是 CPU 速度相關名詞說明（表 1-8-1）。

表 1-8-1 CPU 速度相關名詞說明

速度計量單位	特色與說明
頻率週期	頻率的倒數，如 CPU 的工作頻率（內頻）為 500 MHz，則週期頻率為 $1/(500×10^6)=2×10^{-9}=5ns$
內頻	中央處理器（CPU）內部的工作頻率，即 CPU 本身的執行速度。例如:Pentium 4-3.8G,則內頻為 3.8GHz
外頻	CPU 讀取資料時，在速度上需要外部設備配合的資料傳輸速度，速度比 CPU 本身的運算慢很多，可以稱為匯流排（BUS）頻率、前置總線、外部頻率等。速率越高，性能越好。
倍頻	內頻與外頻間的固定比例倍數，其中：CPU 執行頻率（內頻）=外頻×倍頻係數 例如，以 Pentium4 1.4GHz 計算，此 CUP 的外頻為 400MHz,倍頻為 3.5，則工作頻率為 400MHz×3.5=1.4GHz

　　Intel 是個人電腦 CPU 的領導品牌，該公司一向以高性能的產品著稱。目前主流的 CPU 產品 大都採取 64 位元的架構，並且工作頻率也在 2G H z 以上。Intel 的 Pentium 最新的處理器用 D 來作為代號，稱為 Pentium D,是 64 位的雙核心處理器。Core2 Duo 是將 Pentium D 的架構強化，採用最尖端的 Intel 雙核心和四核心運算技術，提供了較佳的運算能力、系統性能和回應速度。多核心 的主要精神就是將多個獨立的微處理器封裝在一起，使得 CPU 性能提升不再依靠傳統的工作頻率 速度，而是依靠平行處理的技術。我們知道 CPU 的發展一直向更高的工作頻率進行作業，然而已 經到達理論的實體限制時，則必須朝多處理核心 方向發展。

　　Intel 在 2008 年底發表了台式電腦平台處理器──第一代 Core i7，它取代目前名為 Core2 Duo 的 Penryn 微構架處理器。Core i7 採用的 Nehalem 微架構與 x86-64 指令集，以全新的 LGA 1366 封裝，集眾多先進技術於一身。Nehalem是Intel的第七代架構，因此被稱為Core i7，擁有 4 核心 8 執行緒，運行性能比先前採用前端 匯流排（Front Side BUS，簡稱 FSB）構架的四核 心處理器速度提高 50%。後來到 2011 年 11 月底推出 了最高級的六核心處理器系列，以 X79 晶片為主， 總頻率為 3.3GHz，擁有高達 40 條 PCI-Express 通 道數，代號為 Sandy Bridge-E 新平台，包括兩款 新處理器：Intel Core i7-3960X 和 Intel Corn i7- 3930K。

　　二、RAM

　　如果說顯卡決定了玩家玩遊戲時獲得的視覺享受，那麼記憶體的容量就決定了遊戲玩家是否夠格玩這款遊戲。對於大型 3D 遊戲來說，內存容量比記憶體性能更為重要。RAM 中的每個內存都有位址（Address）,CPU 可以直接存取該位址記憶體上的資料，因此存取速度很快。

RAM 可以隨時讀取或存入資料，不過所存儲的資料會隨著主機電源的關閉而消失。RAM 根據用途與價格可分為動態記憶體（DRAM）和靜態記憶體（SRAM）。DRAM的速度較慢，元件密度高，但價格低廉可廣泛使用，不過它需要週期性充電來保存資料。

過去市場上記憶體的主流種類有 168-pin SDRAM(Synchronous Dynamic RAM，簡稱 SDRAM)、184-pinDRSRAM（俗稱 Rambus）和 184-pin DDR（Double Data Rate，簡稱 DDR）SDRAM 三種形式，其中 SDRAM 和 Rambus 已有逐漸被淘汰的趨勢。至於接腳數為 240 的 DDR2 SDRAM,相對於 DDR SDRAM,則擁有更高的工作頻率與更大的單位容量，特別是在高密度、高性能和散熱性上有傑出表現，儼然成為市場新一代的主流產品。最新的 DDR3 是以 DDR2 為起點，性能是 DDR2 的兩倍，速度也進一步提高。

DDR3 的最低速率為每秒 800 MB,最大為 16000MB。當採用 64 位元匯流排頻寬時，DDR3 能達到每秒 64000MB～128000MB。它的特點是速度快、散熱佳、資料頻寬高及工作電壓低，並可以支援需要更高資料頻寬的四核心處理器。對一些早期的主機來說，如果記憶體容量不夠大的話，又想要改善遊戲中的順暢度，建議買 DDR2 記憶體進行加裝。

三、顯卡

顯卡（Video Card）負責接收從記憶體送來的視頻資料，然後再將其轉換成類比電子信號並輸入螢幕上，這樣我們就可以在顯示幕幕上看到文字與圖像資訊。顯卡的好壞會影響遊戲所呈現的畫面品質，一定要綜合不同的顯示卡和遊戲 才可以為顯示卡的效能下定論。例如，螢幕所能顯示的解析度與色彩數，由顯示卡上的記憶體多少來決定。

顯卡性能的優劣與否主要取決於所使用的顯示晶片，以及顯示卡上的記憶體容量，記憶體的作用 是加快圖形與影像處理速度，通常高級顯示適配 器會搭配容量較大的記憶體。

顯示晶片是顯卡的心臟，在電腦的資料處理過程中，CPU 將其運算處理後的顯示資訊透過總 線傳輸到顯卡的顯示晶片上，而顯示晶片再將這些 資料運算處理後，透過顯卡將資料傳送到螢幕上。以目前市場上的 3D 加速卡來說，大部分都是使用 NVIDIA 公司所出產的晶片，如 TNT2、NVIDIA GeForce 系列（如 GeForce4、GeForce6、GeForce7、GeForce8、GeForce9 以及最新的 GeForce GTX200 等）、NVIDIAQuadro 專業繪圖晶片等(圖 1-8-1)。

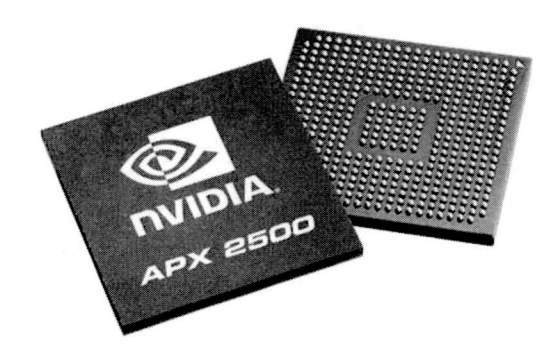

圖 1-8-1 晶片

後來 AMD 收購 ATi，並取得 ATi 的晶片組技術後，推出集成晶片組，也將 ATi 晶片組產品正名為 AMD 產品。常見的 AMD 晶片組有 IGP3xx、480X CrossFire、570X CrossFire、580X CrossFire、AMD 690G、AMD 780G、AMD 790FX 等。

一般 ATi 的顯卡擅長 DirectX 遊戲，NVIDIA 的顯卡則擅長 OpenGL 遊戲。而顯示記憶體的主要功能是將顯示晶片處理的資料暫時儲存在顯示內存上，然後將顯示資料傳送到顯示幕幕上，顯卡解析度越高，螢幕上顯示的圖元點就會越小、越多，並且所需要的顯示記憶體也會隨之增多。

每一塊顯示幕至少要具備 1MB 的顯示記憶體，而顯示記憶體會隨著 3D 加速卡的演進而不斷增加。從早期的 1MB、2MB、4MB、8MB、16MB，一直到 TNT2 是 8MB、32MB、64MB 的 SDRAM，甚至到最新 NVIDIA，GeForce2、3、4，它們都有 64MB 顯示記憶體的版本。

圖 1-8-2 PCI 介面音效卡

從最早期普遍使用的 VGA 顯示器所能支援的 ISA 顯示卡，80486 以後的個人電腦大多採用這一標準的 VESI 顯示卡。

至於 PCI (Peripheral Component Interconnect) 顯示適配器，通常被使用於較早期精簡型的電腦中。AGP (Accelerated Graphics Port) 介面是在 PCI 介面架構下，增加了平面 (2D) 與立體 (3D) 的加速處理能力，可用來傳輸視頻資料。資料匯流排的寬度為 32Bits, 工作頻率是 66MHz, 是為 3D 顯示應用所生產的高性能介面規格與設計規範的插槽。PCI Express 顯卡 (也稱 PCI-E) 則用來取代 AGP 顯卡，面對不斷進步的 3D 顯示技術，AGP 的寬頻已不能夠輕鬆地處理複雜的 3D 運算。RAMDAC(Random Access Memory Digital-to-Analog Converter) 是隨機存取記憶體 數位類比轉換器，它的解析度、顏色數與輸出頻率也是影響顯卡性能的重要因素。因為電腦是以數位的方式來進行運算，因此顯卡的記憶體就會以數位方式來存儲顯示資料，而對於顯卡來說，這些 0 與 1 的數位資料便可以控制每一個圖元的顏色值及亮度。

對於目前市場上的 3D 加速卡而言，大部分都是使用 NVIDIA 公司出產的晶片，如 TNT2、GeForce256、GeForce2 MX、GeForce2 Ultra、GeForce3 以及最新的 GeForce4 等。

四、音效卡

大家可以試著將身邊的所有音效設備全部關掉，然後體驗一下沒有背景音樂、音效及配音的遊戲，是不是覺得遊戲變得暗淡無趣許多呢？聲卡（Sound Card）的主要功能是將電腦所產生的數位音訊轉換成類比信號，然後傳送給喇叭輸出聲音。(圖 1-8-2)

一般音效卡不僅有輸出聲音的功能，也包含其他連接埠來連接其他的影音或娛樂設備，如 MIDI、搖桿、麥克風等。音效卡的形式主要以 PCI 介面卡為主，不過有不少音效卡，已經直接內置到主機板上，不需要另外安裝音效卡。其他重要資訊如表 1-8-2 所示。

表 1-8-2 音效卡的重要資

重要資訊名稱	意義說明
DSP	DSP（Digital Signal Processing）就是數位信號處理，是音效卡中專門用來處理效果的晶片，又可以稱為效果器。由於具有這種晶片的音效卡價格比較昂貴，所以通常只有在比較高級的音效卡中才會看到
DAC	DAC（Digital to Analog Converter）就是數位類比轉換器。因為一般的音響都只能接受類比信號的資料，而電腦中所處理的資料通常是數字信號，因此音效卡在讀出數位信號後，必須透過 DAC 轉換成一般音響能夠接受的類比信號，再由音響來帶動音箱發出聲音
SNR	SNR（Signal-Noise Ratio）指的是信噪比。它是一個診斷音效卡中抑制噪音能力的重要指標。SNR 指的是有用信號和雜訊信號功率的比值，其單位是分貝。SNR 值越大，則音效卡的濾波效果越好，所以優良音效卡的 SNR 的值至少要大於 80dB
FM 合成	FM 合成技術是早期電子合成樂器所採用的發音方式，後來由 Yamaha 公司將它應用到 PC 音效卡上。FM 比最初的 PC 小喇叭所提供的效果還要好，最大特點就是 FM 的發音方式使得聲音聽起來比較乾淨、清脆
Dolby Digtital	Dolby Digital 是由杜比實驗室（Dolby Laboratories）所開發的一種音效編/解碼技術，原名 Dolby Surround AC-3,現改稱為 Dolby Digital 或稱 "AC-3"。而最新一代杜比音效技術是 Dolby Digita Plus，或稱為增強型 AC-3(E-AC-3),其可以提供更高音質、高效率音訊壓縮
EAX ADVANCED HD	EAX ADVANCED HD 是增強的 3D 音效性能，帶給使用者高度的音效逼真度，隨著環境的不同，所聽到的聲音會有所不同
S/PDIF	全名為 Sony/Philips Digital Interconnect Format,是 Sony 和 Philips 所研發出來的一種民用數位音訊接葉協定。一般等級較高的音效卡會支援 S/PDIF 介面，其主要作用是提高信噪比
A3D	A3D(Aureal 3-Dimensional),是由 Aureal 開發的一項 3D 音效技術，可以在兩個揚聲器上提供立體效果的聲音。它只需要兩個揚聲器，而環繞立體聲通常需要 4~5 個

音效卡的重要資〔續表〕

取樣頻率	取樣頻率是每秒鐘聲音取樣的次數，取樣頻率越大音質也會越好。取樣頻率是以赫茲（Hz）為單位，1Hz 代表每秒取樣一次；而 1kHz(千赫茲)代表每秒取樣 1000 次。常見的取樣率有 8、11.025、16、22.05、24、32、44.1、48 以及 96kHz。其中 DVD 的標準則可達 96 kHz（也就是每秒取樣 96000 次）
位深度	又稱解析度，代表存儲每一個取樣結構的資料量長度，位元深度越高，精確度越高。常見的位深度有 16Bits 和 24Bits

五、硬碟

硬碟（Hard Disk）是目前電腦系統中主要的存放裝置，硬碟是由幾個磁碟片堆砌而成，上面佈滿了磁性塗料。各個磁碟片（或稱磁片）上編號相同的磁軌，則稱為磁柱（Cylinder）。磁碟片高速運轉，透過讀寫頭的移動從磁碟片上找到適當的磁區並取得所需的資料。談到遊戲和硬碟速度的關係，主要和單機遊戲有關，如果硬盤速度快，載入時會快一些，對常換大場景的遊戲有一點幫助，線上遊戲則基本不受影響。

目前市面上販賣的硬碟尺寸，都是以內部圓型碟片的直徑大小衡量，有 3.5 寸和 2.5 寸兩種。個人電腦幾乎都是 3.5 寸的規格，而且存儲容量為數百千兆，有的高達 3TB，且價格相當便宜。另外，在購買硬碟時經常會發現硬碟規格上 標示著 5400RPM、72000RPM、15000RPM 等數字，這表示主軸馬達的轉動速度。

硬碟傳送速率則是指硬碟與電腦配合下傳送與接收資料的速度，如 Ultra ATA DMA/133 規格則表示傳送速率為 133M B/s。至於硬碟傳輸介面，它可分為 IDE、SCS、SATA 和 SAS 四種。固態式硬碟（Solid State Disk，簡稱 SSD）是一種最新的永久性存儲技術，屬於全電子式的產品，完全沒有任何一個機械設備。它的重量可以壓到硬碟的幾十分之一，規格有 SLC 和 MLC 兩種。SSD 主要是透過 NAND 型快閃記憶體加上控制芯片作為材料製造而成，與一般硬碟使用機械式馬達和硬碟的方式不同，沒有會移動的碟片，也沒有馬達的耗電需求。SSD 硬碟除了耗電低、重量輕、抗震動與速度快外，它沒有機械式的反覆動作所產生的熱量與噪音。

八、搖桿

搖桿主要用於電玩遊戲。電動玩具注重操控性，特別是動作類的遊戲對方向感要求很強，搖桿可以彌補鍵盤的不足，它讓用戶有人機一體的感受，並能減少鍵盤的損壞率。（圖 1-8-3）

圖 1-8-3 搖桿 　　　　　圖 1-8-4 方向盤 　　　　　圖 1-8-5 掌上型控制器

搖桿的設計原理是以搖桿中心為原點，當玩家推動搖桿時，搖桿驅動程式便會將水平與垂直的變化量轉換成座標回傳。搖桿可分為類比與數位兩種。類比式搖桿採用比例方式控制，即搖桿移動的大小將影響螢幕上移動的距離；數位式搖桿則根據移動的方向來判斷，與搖桿的移動距離無關，通常用於講求方向與距離的電動遊戲中。另外，隨著時代的進步，遊戲杆也在不斷改進，目前已經可以支援更多按鈕的操作遊戲，其精確度也有所提高。有些較高級的搖桿還可以支援不同方向軸的旋轉。

七、方向盤

方向盤是體驗賽車類型遊戲最重要的設備，使用方向盤來進行賽車遊戲時的遊戲感是使用鍵盤與搖桿所無法比擬的，還真的像是在車道上風馳電掣。

特別提醒，日後如果要設計方向盤程式，程序設計方法與搖桿類似，而它們的不同之處在於：方向盤將水準方向與垂直方向的位移變化分別應用在方向盤的轉動與油門的踩踏上，剎車也是另一個一維的變數。（圖 1-8-4）

八、掌上型控制器

掌上型控制器（Game Pad）像一個小型的鍵盤，早期的掌上型控制器通常只有四個方向鍵、四個按鍵與兩個系統按鍵。現在的掌上型控制器已經可以支援更多的按鍵與功能。（圖 1-8-5）

九、喇叭

喇叭（Speaker）的主要功能是將電腦系統處理後的聲音信號，透過音效卡的轉換將聲音輸出，這也是遊戲中不可或缺的外部設備。早期的喇叭只用於玩遊戲或聽音樂 CD 時使用，現在通常搭配高品質的音效卡，不僅將聲音信號進行多重輸出，而且音質也更好，其種類有普通喇叭、可調式喇叭與環繞喇叭。

許多喇叭在包裝上會強調瓦數。輸出的功率（即瓦數）越高，喇叭的承受張力也就越大。但一般消費者看到的都是廠家標示的 P.M.P.O 值，它是指喇叭的"瞬間最大輸出功率"。

通常人耳在聆聽音樂時所需要的不是瞬間的功率，而是"持續輸出"的功率，這個數值叫作 R.M.S。就正常人而言，15W 的功率已綽綽有餘了。另外，喇叭擺放的角度和位置，也會直接影響音場平衡。如常見的二件式喇叭，通常擺放在螢幕的兩側，並與自己形成正三角形，將會達到最佳的聽覺效果。

與專業領域的術語一樣，在遊戲世界，也有一些只有發燒友能聽明白的專用名詞，如果是一個剛踏進遊戲領域的初學者，一定很難理解他們在說什麼。事實上，在遊戲領域裡，相對的遊戲術語實在是太多了，這些術語多到可能讓讀者應接不暇，只有建議多看、多聽、多問，才能在遊戲裡暢行無阻。

本小結收錄了一些筆者個人認為在遊戲界裡比較常見的發燒名詞，希望讀者能與朋友多討論，不斷補充。

1.NPC

NPC 是 Non-Player Character 的縮寫，它指的是非玩家人物。在角色扮演類遊戲中，最常出現的是由電腦來控制的人物，這些人物會提示玩家重要的情報和線索，使得玩家可以繼續進行遊戲。

2.KUSO

KUSO 在日文中原本是可惡、大便的意思，但對目前網路 E 時代的青年男女而言，KUSO 則代表惡搞、無厘頭、好笑的意思，通常指離譜的有趣事物。

3. 骨灰

骨灰並不是一句損人的話，反而有種懷舊的味道。骨灰級遊戲是形容這款遊戲在過去相當知名，而且該遊戲可能不會再推出新作，或已經停產。

4. 街機

街機是一種用來放置在公共娛樂場所的商用大型專用遊戲機。

5. 遊戲資料片

遊戲資料片是遊戲公司為了彌補遊戲原來版本的缺陷，在原版本程式、引擎、圖像的基礎上，新增包括劇情、任務、武器等元素的內容。

6. 必殺技

通常在格鬥遊戲中出現，是指利用特殊的搖杆轉法或按鍵組合所使用出來的特別技巧。

7. 超必殺技

超必殺技指的是比一般必殺技的損傷力還要強大的強力必殺技。通常用在格鬥遊戲中，但它是有條件限制的。

8. 小強

小強就是討厭的"蟑螂"，在遊戲中代表打不死的意思。

9. 連續技

連續技以特定的攻擊來連接其他的攻擊，使對手受到連續損傷的技巧（超必殺技造成的連續損傷通常不算在內）。

10. 賤招

賤招是指使用重複的伎倆讓對手毫無招架之力，進而將對手打敗。

11. 金手指

金手指是一種週邊設備，可用來改變遊戲中的某些數值的設置值，進而達到在遊戲中順利過關的目的。例如利用金手指將自己的金錢、經驗值、道具增加，而不是透過正常的遊戲過程來提升。

12.Bug

Bug 即是"程式漏洞"，俗稱"臭蟲"。它是指那些因遊戲設計者與測試者疏漏而遺留在遊戲中的錯誤程式，嚴重的話將會影響整個遊戲作品的品質。

13. 包房

遊戲包房，是在遊戲場景中，常在出現怪物的地點等候，並且不與其他玩家共用怪物的地方。

14. 秘技

秘技通常指遊戲設計人員遺留下來 Bug 或故意設置在遊戲中的一些小技巧，在遊戲中輸入某些指令或觸發一些情節就會發生一些意想不到的事件，其目的是為了讓玩家享受另外一個遊戲中的樂趣。

15. Boss

Boss 是"大頭目"的意思，一般指在遊戲中出現的較為強大有力且難纏的敵方對手。這類敵人在整個遊戲過程中一般只會出現一次，且常出現在某一關的最後，而不像小隻的怪物可以在遊戲中重複登場。

16. E3

E3 是 The Electronic Entertainment Expo 的縮寫，指的是美國電子娛樂展覽會。目前，它是全球最為盛大的電腦遊戲與視頻遊戲的商業展示會，通常會在每年的五月舉行。

17. MP

MP 是 Magic Point 的縮寫，指的是角色人物的魔法值。一旦某個角色擁有的 MP 用完，就不能再用魔法招式。

18. HP

HP 即是 Hit Point 的縮寫，它指的是"生命力"的意思。在遊戲中代表人物或作戰單位的生命值。一般而言，HP 為 0 即表示死亡或是 Game Over。

19. Crack

Crack 指的是針對遊戲開發者設計的防複行為進行破解，從而就可以複製母盤。

20. Experience Point

Experience Point 即"經驗點數"。通常出現在角色扮演類遊戲中，以數值來計量人物的成長，如果經驗點數達到一定數值之後，人物的能力便會升級。

21. Alpha 測試

Alpha 指在遊戲公司內部進行的測試，也就是在遊戲開發者控制環境下進行的測試工作。

22. Beta 測試

指交由選定的外部玩家單獨來進行，而不在遊戲開發者控制環境下進行的測試工作。

23. 王道

王道表示認定某個遊戲最終結果是個完美結局。

24. 小白

小白表示玩家有很多不懂的地方。

25. Storyline

Storyline 是"劇情"的意思，換句話說，也就是遊戲的故事大綱，通常可分為"直線型""多線性"以及"開放型"三種劇情主軸。

26. Caster

Caster 指遊戲中的施法者，在《魔獸爭霸》遊戲中比較常見。

27. DOP

Damage Over Power 的首字母縮寫，指在遊戲進行一段時間內對目標造成的持續傷害。

28. 活人

活人指遊戲中未出局的玩家，相對應的是"死人"。

29. FPS

Frames Per Second(每秒傳輸幀數)的縮寫。NTSC 標準是國際電視標準委員會所制訂的電視標準，其中基本規格是 525 條水準掃描線的 FPS 為 30 幀，不少電腦遊戲的顯示數都超過了這個數字。

30. GG

GG 即 Good Game(好玩的一場比賽)，常常在連線對戰比賽間隔中，對手讚美上一回合棒極了。

31. Patch

Patch(補丁)是指設計者為了修正原遊戲中程序代碼而提供的小檔。

32.Round

Round(回合)通常是指格鬥類遊戲中雙方較量的一個回合。

33.Sub-boss

Sub-boss(隱藏頭目)是在有些遊戲中隱藏更厲害的大頭目,他通常出現在即將通關時。

34.MOD

MOD 是 Modification 的縮寫。有些遊戲的程序代碼是對外公開的,如《雷神之錘 2》,玩家們可以依照原有程式修改,甚至可以寫出一套全新的程式檔,就叫作 MOD。

35.Pirate Pirate

指目前十分氾濫的盜版遊戲。

36.MUD (Multi-User Dungeon)

Multi-User Dungeon(多用戶城堡)是一種類似 RPG 的多人網路連線遊戲,但目前多為文字。

37.Motion Capture

動態捕捉是一種可以將物體在 3D 環境中運動時轉為數位化的過程,通常用於 3D 遊戲的製作。

38.Level

關卡也叫作 Stage,指遊戲中一個連續完整場景,而 Hidden Level 則是隱藏關卡,在遊戲中隱藏起來,可由玩家自行發現。

39. 新開伺服器

隨著網路遊戲的會員人數增加,大量玩家進入遊戲造成伺服器負荷過多,為了緩解這些新增玩家帶來的伺服器壓力,就必須新開伺服器,以利於所有玩家擁有更好的遊戲品質。

40. 封測

封測是指封閉式測試,目的是為了在遊戲正式發佈前先找到遊戲的錯誤,以確保遊戲上市後有較佳的品質。封測人物資料在封測結束後會刪除,封測主要是測試遊戲內的 Bug。

思考與練習

1. 何謂 APP? 何謂 APP Store? 請簡述之。
2. 簡述遊戲平台的意義與功能。
3. 簡述掌上型遊戲機的功能與特色。
4. 簡述遊戲的定義與組成元素。

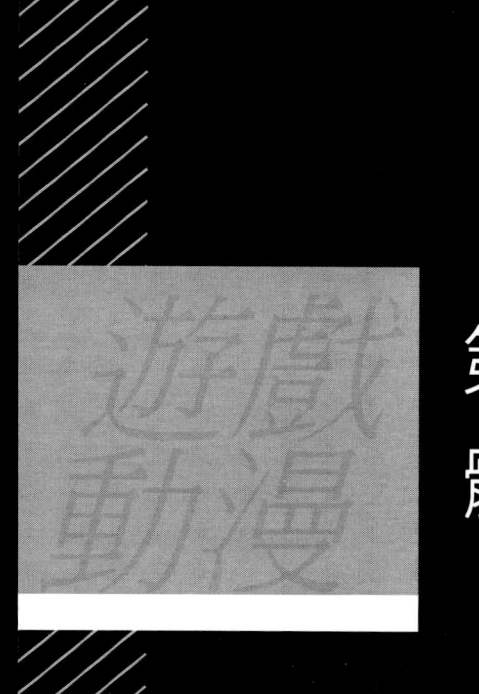

第二章
體驗遊戲設

隨著人們生活水準的日益提高和資訊科技的不斷進步，電子娛樂逐漸取代傳統的電影與電視的地位，繼而成為家庭休閒方式的最新選擇。當 21 世紀來臨時，遊戲已經成為人們日常生活中不可或缺的一部分。

第一節 遊戲的主題

早期的遊戲沒有現在成熟的多媒體技術與計算機高性能的支持，只是憑藉著所謂的"好玩"來帶給玩家經久不衰的懷念。但是，不管是以前還是現在，對於任何一款遊戲只要有好的遊戲開發構架與創新的細節規則，就一定能獲得玩家的青睞，千萬不可過分追求主機硬體性能與五光十色的多媒體技術。

我們在設計一款遊戲的時候，首先必須確定遊戲主題（Game Topic）。通常，具有普遍意義的主題適合於各種文化背景的玩家，如愛情主題、戰爭主題等，這些主題很容易引起玩家的共鳴。如果遊戲題材比較老舊，那就不妨試著從一個全新的角度來詮釋這個古老的故事，賦予它前所未有的呈現方式。舊瓶裡裝新酒，讓玩家感覺到遊戲具有獨特的創意。

遊戲的主題必須明確，這樣玩家對於遊戲才有認同感與歸屬感。遊戲主題的建立與強化，可以從以下六個方面著手。

一、背景

一旦定義出遊戲所存在的時代，接下來就必須去描述遊戲中劇情發展所需要的各種背景元素。根據定義的時間與空間，還要設計出一連串的合理背景，如果在遊戲中常常出現一些不合理的背景，例如，將時代定義在漢朝末年的中原地區，背景卻出現了現代的高樓大廈或汽車，除非有合理的解釋，要不然玩家會被遊戲中的背景搞得暈頭轉向，不知所措。其實，背景包括了每個畫面所出現的場景。

例如，《巴冷公主》的故事場景都發生在原住居民部落中，所以每一處景物都必須符合那個時代土著居民的生活所需，如山川、樹林、沼澤、洞穴、建築物等都利用 3D 來刻畫，力求保留原住居民的原始風味，以及原汁原味的魯凱部落及百步蛇圖騰的花紋樣式。（圖 2-1-1、圖 2-1-2）

圖 2-1-1 《巴冷公主》

圖 2-1-2 原汁原味的魯凱部落及百步蛇圖騰的花紋樣式

二、時代

"時代"因素用來描述整個遊戲運行的時間與空間，它代表的是整個遊戲中主角人物所能存在的時間與地點。所以"時代"具有時間和空間的雙重特性。單純以時間特性來說，時間可以影響遊戲中人物的服飾、建築物的構造以及合理的周邊物件。明確遊戲發生的時間背景才會讓玩家覺得整個遊戲劇情的發生發展合情合理。

"時代"的空間特性指的是遊戲故事的存在地點，如地上、海邊、山上或者是太空中，其目的是要讓玩家可以很清楚地瞭解到遊戲存在的方位。所以時代因素主要是描述遊戲中主角存在的時空意義。例如，《巴冷公主》遊戲演繹的是一千多年前屏東小鬼湖附近的故事（圖 2-1-3、圖 2-1-4）。

三、故事

一個遊戲精彩與否取決於它的故事情節是否能夠吸引人。具有豐富的故事內容能讓玩家比較滿意，如《大富翁》這款遊戲，它並沒有一般遊戲的刀光劍影、金戈鐵馬，而以繁華都市的房地產投資、炒股賺錢為主線，透過相互陷害的故事情節來提高故事的吸引力。

當我們定義了遊戲發生的時代與背景之後，就要編寫遊戲中的故事情節了。故事情節是為了增加遊戲的豐富性，故事情節的安排上最好讓人捉摸不定、高潮迭起。當然，合理性是最基本的要求，不能突發奇想就胡亂安排。例如，許多原住居民都認為自己是太陽之子，當然這是一種民俗傳說，但旁人必須予以尊重。在《巴冷公主》中，故事情節就巧妙地對此加以合理神化，以下是部分內容。

且說"太陽之淚"的傳說來自阿巴柳斯家族第一代族長，他曾與來自大日神宮的太陽之女發生了一段可歌可泣的戀情。當太陽之女奉大日如來之命，決定返回日宮時，傷心地流下了淚水，這淚水竟然化成了一顆顆水晶般的琉璃珠。

圖 2-1-3 《巴冷公主》

圖 2-1-4 《巴冷公主》

她的愛人串起了這些琉璃珠,並將其命名為"太陽之淚"。"太陽之淚"一方面是他們兩人戀情的見證,另一方面也保護著她留在人間的代代子孫。傳說中"太陽之淚"具有不可估量的神力,對一切的黑暗魔法與邪惡力量有著相當強大的淨化能力。

只有阿巴柳斯家族的真正繼承人才有資格佩戴這條"太陽之淚"項鍊,在巴冷十歲時,朗拉路送給她的生日禮物,也宣示她即將成為魯凱族第一位女頭目。

故事劇情的好壞判斷因人而異,這取決於玩家自己的感受。而故事劇情是遊戲的靈魂,它不需要高深的技術與華麗的畫面,但絕對有著舉足輕重的作用。(圖2-1-5)

圖2-1-5 《巴冷公主》的故事情節是一段遠古的愛情故事

四、人物

通常玩家最先接觸到的是玩家所操作的人物與遊戲中其他角色的互動,因此在遊戲中必須刻畫出正派與反派角色,而且最好每一個角色人物都有自己的個性與特色。只有這樣,遊戲才能淋漓盡致地展現出人物的特質。人物特質包括了人物的外形、服裝、性格與其所使用武器等。好的人物設計更能讓玩家在操作主角人物時深入其境、渾然忘我。圖2-1-6為《巴冷公主》中的人物造型。

圖2-1-6 《巴冷公主》人物造

五、目的

遊戲的"目的"是要讓玩家有繼續玩的理由。若沒有明確的遊戲目的，相信玩家可能玩不到十分鐘就會覺得枯燥無味。不管是哪一種類型的遊戲都有其獨特的玩法與最終目的，而且遊戲中的目的有時不僅僅只是一種，如同有些玩家為了讓自己所操作的人物達到更強的程度，會拼命地提升自己主角的等級，有些玩家為了故事劇情的發展而去拼命地打敵人，或者是為了得到某一種特定的寶物而去收集更多的遊戲元素等。

好的關卡設計就是表現遊戲目的的最佳方式，通常它會在遊戲的橋段隱藏驚奇的寶箱、神秘的事情，或者是驚險的機關、危險的怪獸。無論是哪一種，對於開發者而言就是將場景和事件結合，建立任務的邏輯規範。在《導火線》遊戲中，就可以看到開發者利用非線性設計的關卡，玩家以第三人稱視角進行遊戲，闖關時主角有五種主要武器及四種輔助武器可供使用，若運用得當則這些武器能變換出二十多種不同的攻擊方式。

例如，《巴冷公主》遊戲的目的是蛇王阿達禮歐為了迎取巴冷為妻，毅然決然地去找尋由海神保管著的七彩琉璃珠，歷經三年的冒險，路途中遭遇各種可怕的敵人，阿達禮歐最終帶著七彩琉璃珠歸來，並依照魯凱族的傳統，透過了搶親儀式的考驗，帶著巴冷公主一同回到鬼湖過著幸福美滿的生活。遊戲內容中的每個關卡都巧妙地安排各種事件，依照事件的特性編排不同的玩法。就遊戲的地圖而言，它以精確的考據及精美的畫工為重要訴求點，並提供給玩家遊戲路線。我們並不希望玩家在森林或地道裡面迷路，而希望玩家可以在豐富多變的關卡裡找到不同的過關方法。（圖 2-1-7、圖 2-1-8）

六、嘗試遊戲項目設置

學習建立遊戲主題相關的內容之後，我們馬上就來做一個熱身練習，嘗試設計一個簡單的遊戲主題。首先從"時代"因素說起，例如，設計一個未來時空，在未來時空中，有一個如同仙界的精靈國度，而周圍的沙漠是一群怪獸的活動之地。醜陋的怪獸們總是想霸佔整個星球，於是不斷地想盡辦法來對付精靈國的人們。這個例子簡短的描述就交代清楚了遊戲的"時代"與"背景"。

圖 2-1-7　《巴冷公主》中的森林地圖

圖 2-1-8　《巴冷公主》中的地道地圖

定出了"時代"與"背景"要素後,接著開始擬訂遊戲故事的劇情內容,例如,為了打敗怪獸,精靈們決定從他們國家的各個地方挑選出幾個英勇的戰士,主角就在這幾個戰士中產生。主角為了打敗怪獸,在冒險的旅途中開始召集各地的英勇戰士,在召集的過程中,戰士之間還會發生一些愛恨情仇的小插曲。這些內容就可當作整個遊戲的"故事"大綱。

有了前三項的要素之後,接下來可以開始初步設計基本的演出角色,如男主角、女主角、反派角色等。在這裡,可以先設計男主角的出身背景,男主角年約 20 出頭,出生在 F 星球精靈國度中的一個小城鎮中,是一個從小父母雙亡的孤兒。在勇士選拔賽中被選中,國王告訴男主角前因後果之後,男主角決定擔負起這個重大責任。初步的男主角人物設計參數如表 2-1-1 所示,對應的角色原畫如圖 2-1-9 所示。

表 2-1-1 男主角人物設計參數

特徵名稱	設置值
姓名	瓦特諾
年齡	22
身高	182 釐米
體重	65 千克
個性	外表冷漠、內心善良、擁有特殊神力
衣著	F 星球騎士的傳統服飾
人物背景	體形修長、高大壯碩

圖 2-1-9 男主角角色原畫

而女主角則是魔法師的女兒,可愛勇敢,冰雪聰明,喜歡冒險,精通騎射,與男主角共同冒險抗敵。人物設計參數如表 2-1-2 所示,角色原畫如圖 2-1-10 所示。

表 2-1-2 女主角人物設計參數

特徵名稱	設置值
姓名	愛麗絲
年齡	19
身高	168 釐米
體重	47 千克
個性	聰慧玲瓏、擁有特殊魔法
衣著	F 星球便利的騎射裝
人物背景	高挑美麗、勇敢善良

圖 2-1-10 女主角角色原畫

第二節 遊戲的相關設置

要設計並製作一款受人歡迎的遊戲，必須注重遊戲內容的合理性與一致性，因此在許多呈現方式上都必須做預先的設置。本節中我們將從美術風格、道具、主角風格三方面來討論設置的原則與方式。

一、美術風格

美術風格，簡單形容就是一種視覺角度的市場定位，以便吸引玩家的眼光。在一款遊戲中，應該要從頭到尾保持一致的風格。遊戲風格的一致性包括人物與背景特性、遊戲定位等。在一般的遊戲中，如果不是特殊的劇情需要，儘量不要讓遊戲中的人物說出超越當時歷史場景的語言，這就是時代的特徵。

二、道具

遊戲中的道具設計也要注意它的合理性，就如同不可能將一輛大卡車裝到自己的口袋裡一樣。另外，在設計道具的時候，也要考慮道具的創意性。例如，我們完全可以讓玩家用事先準備好的道具來玩遊戲，也可以讓玩家自行設計道具。當然，無論使用什麼樣的形式，都不能違背遊戲風格一致性的原則。如果我們讓巴冷公主用手槍來殲滅怪物，那肯定讓玩家哭笑不得。（圖 2-2-1）

三、主角風格

遊戲中的主角絕對是遊戲的靈魂，只有出色的主角才能讓玩家在我們設計的遊戲世界中流連忘返，只有這樣才能演繹出讓人欲罷不能的故事劇情，遊戲也就有了成功的把握。事實上，在遊戲中主角不一定非要是一名正直、善良、優秀的好人，他也可以是邪惡的，或者是介於正邪之間讓人又愛又恨的角色。

從人性弱點的角度看，有時邪惡的主角比善良的主角更容易使遊戲受大眾歡迎。如果遊戲中的主角能夠邪惡到既讓玩家厭惡又不忍心甩掉的地步，那麼這款遊戲就成功一半了，因為玩家會更想弄清這個主角到底能做什麼壞事、會有什麼下場，這種打擊壞人、看壞人惡有惡報的心態則更容易抓住玩家的心。

例如，遊戲《石器時代》（圖 2-2-2）是發生在大家印象中野蠻的石器時代。說到野蠻，其實也並不盡是如此，在那個世界上有很多肉眼看不到的精靈們，它們棲息在道具、武器和防具之中，好讓人們更容易使用各項器具，並給予人們莫大的勇氣，治療人們的疾病，賦予人們力量。另外還有很多前所未見的變形動物以及大家十分感興趣的恐龍等，它們會一一出現。玩家不只在戰鬥中可以碰見它們，在平時還可以把它們作為寵物來豢養。如果玩家能夠收集所有的恐龍寵物，就可以透過照相功能做成一個恐龍圖鑑大全。

還有一點要注意，當我們在設計主角風格時，千萬不要將它太臉譜化、原形化，不要落入俗套。簡單地說，就是不要將主角設置得過於"大眾化"。主角如果沒有自己的獨特個性、形象，玩家就會感到平淡無趣。

圖 2-2-1 《巴冷公主》中符合當時原住民風格的經典道具

圖 2-2-2 《石器時代》

圖 2-3-1 《石器時代》遊戲中的操作主介面

第三節 遊戲的介面設計

對於一套遊戲來說，與玩家直接接觸的就是環境介面。設計環境介面不是想像中的那麼簡單，它並不是把選項按鈕、文字方塊隨便安排到畫面上就結束了。設計環境介面需要從劇情內容的架構、操作流程的規劃、互動元件的選擇、頁面呈現的美學等方面進行綜合考慮。其實，環境界面的主要功能就是讓玩家使用遊戲提供的命令，或向玩家傳達遊戲的資訊。當遊戲如火如荼地進 行的時候，環境介面的好壞絕對會影響到玩家的 心情，因此，在環境介面的設計上也要下一點功 夫才行。如《石器時代》遊戲中有遠古時期原始 風格的操作主介面（圖 2-3-1）。

環境介面設計的最簡單原則是：儘量採用圖像或符號來代表指令的輸入，儘量少用單調呆板的文字功能表。如果非要使用文字的話，也不一定要使用一成不變的功能表，我們可以使用更新潮的形式來表達。

一、人性化介面

從環境介面的功能來說，它是一種介於遊戲與玩家之間的溝通管道。所以，如果它的人性化設計成分越多，玩家使用起來就越容易與遊戲溝通。以《古墓奇兵》的 PC 版來說，為了配合羅拉的動作變化，除了基本操作的方向鍵之外，可能還要加入 Shift 或 Ctrl 鍵，因此在發展到《古墓奇兵 7》時，羅拉不只有水中的動作，身上還有望遠鏡、繩索及救生包等器物。進入遊戲系統後，用平行視窗還是子視窗進行控制比較好，要不要儲存按鍵資訊等，這些都在考驗著開發者的智慧。如果藝術和使用功能並進，則會增加遊戲的耐玩度。如養成類遊戲的介面都以討喜可愛風居多。如果一個遊戲的介面操作困難，即使故事性十足，玩家也有可能放棄它。

例如，有些即時戰略類遊戲的介面就做得非常人性化。

當玩家按一下敵方的部隊時，遊戲介面上會出現"攻擊"圖示，而當我們按一下地圖上某一個地方時，遊戲介面上則會出現"移動"圖標，諸如此類。在遊戲中不會看到一堆無用的說明，整個畫面讓玩家看起來乾淨、簡潔，即使沒有說明書，也可以直接上手操作(圖 2-3-2)。

二、無介面介面

在《黑與白》(Black & White)這款遊戲中有一種讓人非常感動的遊戲環境介面，那就是"無聲勝有聲的介面"，也就是"無介面界面"。換句話說，玩家在遊戲中看不到任何固定的表單、按鈕或功能表，它利用滑鼠的滑動方式來下達"輔助命令"。

"輔助命令"就是除了撿取物品、丟掉物品或點選人物之外的功能命令。如《黑與白》(圖 2-3-3)遊戲中，我們要換牽引聖獸的繩子時，只要利用滑鼠在空地上畫出我們所要的繩子命令，就可以換下聖獸上的繩子。

圖 2-3-2 介面操作人性化

圖 2-3-3 《黑與白》

第四節 遊戲的流程

在定義了遊戲主題與遊戲系統後，我們就可以嘗試畫出整個遊戲的概略流程架構圖，以用於設計與控制整個遊戲的運作過程。首先可以從兩個基本方向來定義，那就是遊戲要"如何開始"和"如何結束"。

一、倒敘與正敘

倒敘法就是將玩家所在的環境先設置好，換句話說，就是先讓玩家處於事件發生後的狀態，然後再讓玩家自行回到過去，讓他們自己去發現事件到底是怎樣發生的，或者讓玩家自行去阻止事件的發生。《神秘島》（圖 2-4-1）這款 AVG 遊戲就是最典型的例子。

正敘法就是以普通表達方式，讓遊戲劇情隨著玩家的遭遇而展開。換句話說，玩家對於遊戲中的一切都是未知的，而這一切都在等待玩家自己去發現或創造。一般而言，多數遊戲都是以這樣的陳述方式來描述故事劇情的，如《巴冷公主》遊戲採用的就是這種方式。

二、電影技巧與遊戲相結合

近幾年當紅的遊戲不少都是將電影裡的拍攝法應用在遊戲上，這使得玩遊戲更像看電影，讓玩家大呼過癮。如 Square（史克威爾）公司推出的《最終幻想》（圖 2-4-2）遊戲系列，它將現今電影的製作手法加入遊戲中，畫面精美感人，從而大受遊戲玩家的歡迎。

電影拍攝規律也可以用於遊戲。例如，在電影拍攝中有一個相當流行的規律，就是在移動的時候，攝影機的位置與角度不能跨越兩物體的軸線。

圖 2-4-1 《神秘島》

圖 2-4-2 畫面精美的遊戲系列《最終幻想》

當攝影機在拍攝兩個物體的時候，這兩個物體之間的連線稱為"軸線"。當攝影師在 A 處先拍攝物件 2 之後，下一個鏡頭，就應該要在 B 處拍攝對象 1，其目的是要讓觀眾感覺物體在屏幕上的方向是相對的。遵循正確的規律進行拍攝後，遊戲播放時就不會讓觀眾在視覺方向方面造成困擾。（圖2-4-3）

三、人稱視角

遊戲與電影不同的地方就是近年來遊戲產業在製作遊戲時的一種趨勢：利用各種攝影技巧，變更玩家在遊戲中的"可視畫面"。就拿上述規律來說，也不是嚴格規定不能跨越這條軸線，只要將攝影機的移動過程讓觀眾看到，而且不把繞行的過程減掉，那麼觀眾便可以自行去調整他們的視覺方位。通常，我們可以將這種手法運用在遊戲的過場動畫中。這種類似於攝影的規律可以應用在一般遊戲中。通常，按玩家的角度（視角）進行劃分，人稱視角分為"第一人稱視角"和"第三人稱視角"。

1.第一人稱視角

所謂的第一人稱視角就是以遊戲主人公的身份來介紹劇情。通常在遊戲螢幕中不出現主人公的身影，這讓玩家感覺到他們自己就是遊戲的"主人公"。第一人稱視角遊戲更容易讓玩家投入到遊戲的情景中。從攝影角度來講，至少從 X、Y、Z 與水準方向四個角度來定位攝影機以拍攝遊戲的顯示畫面。玩家可以透過游標來左右旋轉攝影機的角度，或上下移動（垂直方向）調整攝影機的拍攝距離。這種形式的攝影機並不是固定在原地的，而是可以在原地做鏡頭旋轉，用以觀察不同的方向。

事實上，自首個第一人稱視角射擊遊戲《德軍總部3D》（圖2-4-4）推出以來，越來越多的遊戲開始以第一人稱視角來製作遊戲畫面。第一人稱視角不僅僅應用在射擊類遊戲上，其他類型的遊戲（SPT、RPG、AVG，某些以 Flash 軟體製作的第一人稱虛擬電影）也允許玩家透過"熱鍵"（Hot Key）的方式來切換攝影機在遊戲中的拍攝角度。不過，第一人稱視角的遊戲，在編寫上比第三人稱視角遊戲難度大。以歐美國家來說，它們所製作的 RPG 遊戲習慣用第一人稱視角的方式，如《魔法門》系列。

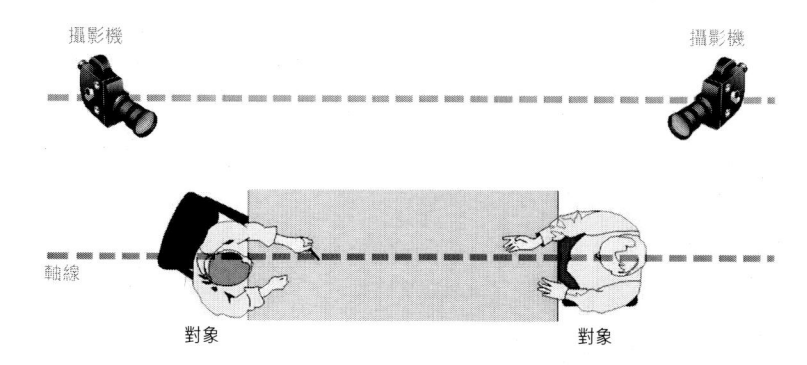

圖 2-4-

圖 2-4-4 第一人稱視角射擊遊戲《德軍總部3D》

2.第三人稱視角

第三人稱視角是以一個旁觀者的角度來看遊戲的發展。雖然玩家所扮演的角色是一個"旁觀者"，但是在玩家的投入感上，第三人稱視角的遊戲不會比第一人稱視角的遊戲差。在普通的 2D 遊戲中，我們一般感覺不到攝影機的存在，但可以利用攝影技巧，從某個固定的角度拍攝遊戲畫面，並提供縮放控制操作，類比 3D 畫面的處理效果，其實這也是對"第三人稱視角"的應用。這種形式的攝影機的移動方式是以某一點為中心做圓周運動，並保持攝影機鏡頭朝向中心點，相當於是追蹤某一個點。

就筆者而言，比較喜好第三人稱視角的遊戲，因為在玩第一人稱的視角遊戲時，經常被弄得昏頭轉向。《巴冷公主》（圖 2-4-5）採用的就是第三人稱視角。另外，在第三人稱視角的遊戲中，也包括利用不同的方式來加強玩家對遊戲的投入感。例如，玩家可自行輸入主人公的名字或自行挑選主人公的臉譜等。但是，千萬不要在同一款遊戲中隨意做視角間切換，這樣會導致玩家對遊戲困惑不解。通常，只有在遊戲過關演示動畫或遊戲交代劇情的時候才有機會使用這種不同視角的切換。

四、對話藝術

對話在表演類藝術中非常重要。為了凸顯遊戲中每一個人物的性格與特點，有必要在遊戲中確定每個人的說話風格。此時，遊戲的主題也會在對話中得以實現。例如，《巴冷公主》（圖 2-4-6）中兩個頭目的對話內容非常沉穩莊重。

通常，一款遊戲中至少要出現 50 句以上常用且充滿趣味的對話，而且它們之間又可以互相組合。如此一來玩家才不會覺得對話過於單調無聊。對話還要儘量避免過於簡單的字句出現，如"你好""今天天氣很好"等。事實上，對話內容可以加強劇情張力，所以遊戲中的對話不要太單調呆板，應該儘量誇張一些，必要的時候，補上一些幽默笑話，並且不必完全拘泥於時代的背景與題材的限制，畢竟遊戲是一項娛樂產品，目的是為了讓玩家在遊戲中得到最大的享受和放鬆。

圖 2-4-5 第三人稱視角遊戲《巴冷公主》

圖 2-4-6《巴冷公主》

第五節 遊戲不可預測性的應用

人類的好奇心很重，越是撲朔迷離的事情越感興趣。而遊戲中所要表達的情境因素非常重要，只有滿足人的本性才能牽動人心，才能使玩家真正沉醉於遊戲中。如製造懸念可為遊戲帶來緊張和不確定因素，目的是勾起玩家的好奇心，讓他們猜不出下一步將要發生什麼事情。如遊戲設計者可以在一個奇怪的門後面放一些玩家需要的道具或物品，但門上有幾個必須開啟的機關，如果開啟錯誤機關，會引起粉身碎骨的爆炸。雖然玩家不知道門後面到底放置些什麼物品，但可以透過週邊提示使玩家瞭解這個物品的功能，同時也知道打開門之後可能發生的危險。因此，如何安全打開門就成為玩家費盡心思解決的問題。由於玩家並不知道遊戲會如何發展，所以玩家對於主角的行動有了忐忑不安的期待與恐懼。

一、關卡

在遊戲發展過程中，玩家就是透過不斷積累經驗與不可預測性的事件抗爭，如此一來，便提升了遊戲對玩家的刺激感，這就是遊戲關卡的應用。別出心裁的關卡設計可以彌補遊戲趣味不足的缺陷。通常它會在遊戲中隱藏驚奇的寶箱、驚奇的機關、危險的怪獸，或者隱藏關卡、人物、過關密碼等。如《導火線》（圖 2-5-1）中以非線性方式設計關卡，玩家能以第三人稱視角玩遊戲，闖關使主角可以使用五種主要武器及四種輔助武器，若運用得當，這些武器能變換出二十多種不同的攻擊方式。主人翁在完成使命的過程中必須巧妙利用機器的智慧操作闖過七個關卡。

事實上，當玩家透過遊戲的關卡時，設計者也可以給玩家一些意想不到的獎勵，如精彩的過場動畫、漂亮的畫面，甚至可以讓玩家得到一些稀有的道具等。這些驚喜非常有意思，但有一點要注意，這些設計不能影響遊戲的平衡度，畢竟這些設計只是一個噱頭而已。

圖 2-5-1　射擊類遊戲《導火線》

二、遊戲的交互性

另一種製造遊戲不可預測性氣氛的方法則是利用遊戲的交互性。遊戲的交互性指的是遊戲對於玩家在遊戲中所做的動作或選擇做出的某種特定的反應。例如，主角來到一個村落中，村落裡沒有人認識他，因此村裡的人會拒主角於千里之外。但是當主角解決了村落居民所遇到的難題之後，主角便在村落中聲名大震，因而可以在村民的幫助下得到下一步任務的執行線索。我們再舉一個很簡單的例子，在遊戲中有一個非常吝嗇的有錢人，這個有錢人平常就不太理會主角，但是在一個機緣下主角救了他，而後當他遇到主角時，態度則會發生一百八十度的大轉變。要實現諸如此類的效果，可以在主人翁身上加上某些參數，使得他的所作所為足以影響到遊戲的進行和結局。這種有明顯的前因後果的關係稱為線性交互，線性交互又可細分為線狀結構與樹狀結構。

遊戲的非線性交互指的是開放性結構，而不是單純的單線性或多線性。一般來說，遊戲的結構應該是屬於網狀非線性結構，而不是線狀結構或是樹狀結構。在非線性交互遊戲中，遊戲的分支交點可以互相跳轉（圖 2-5-2）。

事實上，在遊戲中使用非線性交互結構來推動劇情的發展更容易讓玩家體會到高深莫測的神秘感。

如果從遊戲的不可預測性來看，可以將遊戲分成技能遊戲和機會遊戲。

1. 技能遊戲

技能遊戲的內部運行機制是確定的，而不可預測性產生的原因是遊戲設計者故意隱藏了運行機制。玩家可透過瞭解遊戲的運行機制來接觸這種不可預測性事件。

2. 機會遊戲

機會遊戲中遊戲本身的運行機制是模糊的，它具有隨機性，玩家不可能完全透過對遊戲機制的瞭解來消除不可預測性事件，而遊戲動作所產生的結果也是隨機的。

三、情景的感染

上面講述的都是利用遊戲執行流程來控制懸念，其實還有一種"情景感染法"，它借助周邊的人物、情境來烘托某個角色的特質。例如，洞中有個威猛無比的可怕怪物，當主角走進漆黑洞穴時，赫然看到滿地的骨骸、屍體。或者在兩旁的牆壁上，有許多人被不知名的液體封死在上面，接著傳來鬼哭狼嚎的慘叫。這種情景感染的手法是透過間接展示這只怪物令人膽寒的威力讓玩家不寒而慄，產生即將面對生死存亡的恐懼感。（圖 2-5-3、圖 2-5-4）

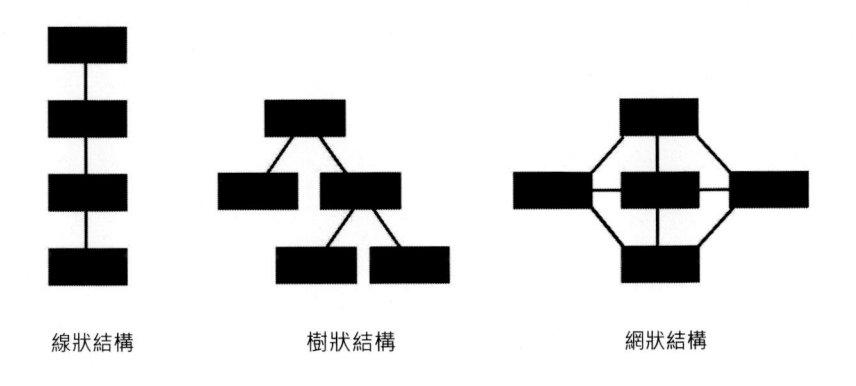

線狀結構　　　　樹狀結構　　　　網狀結構

圖 2-5-2　遊戲的幾種交互結

圖 2-5-3　恐怖遊戲《寂靜嶺》

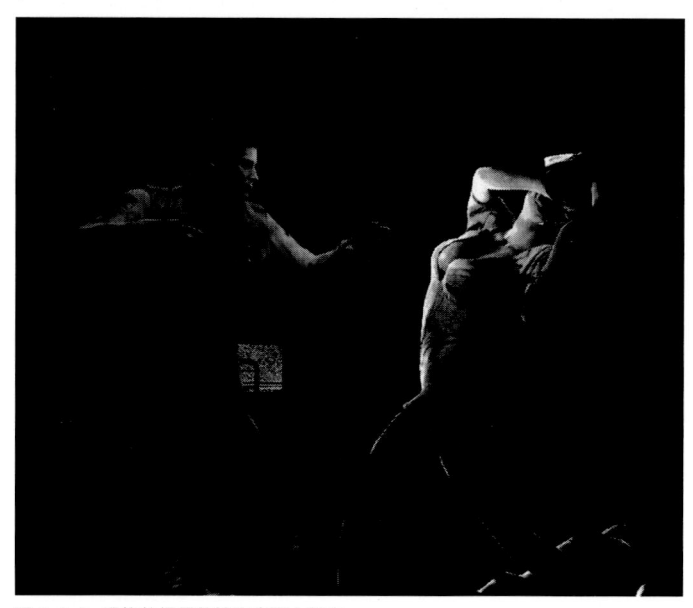

圖 2-5-4　恐怖的場景能讓玩家深入其中

圖 2-5-5《紅色警戒》

四、遊戲節奏的控制

遊戲節奏的流暢性也是緊扣玩家心弦的法寶之一，因此在製作一款遊戲的時候要明確指出遊戲中的時間概念與現實生活中的時間概念之間的區別。遊戲中的時間是由計時器控制的，而這種計時器又分為真實時間定時器和事件時間計時器。

1. 真實時間計時器

真實時間計時器就是以現實世界的時間來規定遊戲中的每局遊戲的時段，一般多數的即時戰略遊戲和第一視角的射擊遊戲會採用這類的計時器。當規定的時間結束，占優勢的一方則獲得優勝，類似《反恐精英》和《毀滅戰士》就是使用真實時間計時器的遊戲。

2. 事件時間計時器

事實上，有些遊戲也會輪流使用兩種定時設備，或者同時採用兩種定時的表現方式。如《紅色警戒》（圖 2-5-5）中的一些任務關卡的設計。過關要求會顯示："指揮官，現在是 2045 年 3 月，在 2046 年 3 月前擊敗敵人。"在遊戲的設定中實際上是 10 秒等於一天，那麼實際上玩家的遊戲時間只有 1 小時而已。在即時計時類遊戲中，遊戲的節奏 是直接由時間來控制的，但對於其 他類遊戲來說，真實時間的作用就 不是很明顯，基本上都是靠遊戲中 的時間計時器來控制。

當紅遊戲大多都會儘量讓玩家來控制整個遊戲的節奏，較少由遊戲本身來控制。如果必須由遊戲本身來控制的話，遊戲設計者也要盡量做到讓玩家難以察覺。例如，在冒險類遊戲（Adventure Game，簡稱AVG）中，可以調整玩家的活動空間（ROOM）、玩家的活動範圍（遊戲世界）、遊戲謎題的困難度等，這些調整都可以改變遊戲本身的節奏。在動作類遊戲（Action Game，簡稱ACT)中，則可以透過調整敵人的數量、敵人的生命值等方法來改變遊戲本身的節奏。在 RPG 遊戲中，除了可以採用與 AVG 遊戲類似的手法外，還可以調整事件的發生頻率、敵人的強度等。總之，儘量不讓遊戲拖泥帶水。一般情況下，遊戲越接近尾聲，遊戲的節奏就會越快，這樣一來玩家就會感覺到自己正逐漸加快步伐進而接近遊戲的結局。

五、遊戲輸入裝置

一款遊戲只有精緻的畫面、動聽的音效與引人入勝的劇情還是不夠的，它還必須擁有人機交互的良好操作方式，這就有賴於遊戲輸入設備，借助遊戲輸入裝置，玩家可以體驗到更加精彩的遊戲世界。

對於早期的遊戲，主要的輸入裝置是鍵盤或者滑鼠，也有些遊戲同時把滑鼠和鍵盤作為輸入設備。鍵盤有鍵盤的控制模式，滑鼠有滑鼠的控制模式，兩者互不相關。就一個單純的玩家而言，複雜的輸入環境不但令玩家非常困擾，而且鍵盤按鍵的組合往往又不容易記憶，一套遊戲按這麼多按鈕才可以進行，當按向上方向鍵，車子會加油前進，按向下方向鍵，車子會剎車，而換擋則是 1、2、3、4、5 這幾個鍵，切換第一人稱視角用 F1 鍵，切換第三人稱視角用 F2 鍵，如此複雜的複合鍵，搞得玩家暈頭轉向。

筆者曾經玩過一種第三人稱視角的 3D 遊戲，其人物的移動控制鍵分別為上、下、左、右方向鍵，手攻擊用 A 鍵、腳攻擊用 S 鍵、跳躍用空白鍵。由於它的左右鍵是控制人物的左右移動的，一旦要執行轉身動作，就要使用鼠標。沒有遇到敵人還好，一旦遇到敵人的時候兩隻手便得迅速地在滑鼠與鍵盤之間穿梭，不要說打敵人了，就連主角要移動都來不及了，這時候就算是一個電玩高手來玩，他也沒有辦法控制得很好。雖然鍵盤可以下達許多不同的命令，但是對於一種遊戲而言，不方便的輸入模式絕對會讓玩家手足無措，完全摸不著遊戲的方向。對於遊戲設計者而言，遊戲輸入裝置是玩家與遊戲溝通時真正接觸的實體介面，互動性的好壞直接影響到玩家對遊戲質量的評價，所以必須要細心規劃、設計。總而言之，如果沒有良好貼心的輸入控制機制，就算遊戲畫面再華麗、故事題材再動人也都是枉然。

第六節 遊戲設計的死角

對於一個經驗豐富的遊戲設計者來說，都很容易出現以下三種死角："死路""遊蕩"和"死亡"。

一、死路

"死路"指的是玩家在遊戲進行到一定程度後，突然發現自己進入了絕境，而且竟然沒有可以繼續進行下去的線索與場景。"死路"也可以稱為"遊戲的死機"。通常，之所以會出現這種情況，是因為遊戲設計者對遊戲的整體考慮不夠全面，也就是沒有將所有遊戲中可能出現的流程全部計算出來。當玩家沒有按照遊戲設計者規定的路線前進時，就很容易造成"死路"現象。

二、遊蕩

"遊蕩"指的是玩家在地圖上移動時，很難發現遊戲下一步發展的線索和途徑。這種情況玩家將它稱為"卡關"。雖然這種現象在表面上與"死路"類似，但兩者本質卻不相同。通常，解決"遊蕩"的方法是在故事發展到一定程度時，把地圖的範圍縮小，讓玩家可以到達的地方減少。或者是讓遊戲路徑的線索明顯地增加，讓玩家可以得到更多提示，從而可以輕鬆找到故事發展的下一個目標。

三、死亡

通常，遊戲主角死亡的情況分成兩種，這也是開發者容易弄錯的地方。

第一種是因目的而死亡。這是一種配合劇情需要設計的假死亡。例如，當主角被敵人"打死"（其實只是受到重傷而已），卻很幸運地被一個世外高人所救，並且從這個高人身上學習到一些厲害招式後又重出江湖。

第二種是真正的結束。這種死亡是真正的"Game Over（遊戲結束）"，是讓玩家所操作的主角面臨真正的死亡。一般而言，玩家必須重新開始或讀取存儲在電腦中的原有進度，這樣遊戲才能繼續。

第七節 遊戲設計的劇情

有些遊戲會讓玩家覺得索然無味，有些則是百玩不厭，究其原因關鍵在於遊戲的劇情張力，這也是影響遊戲耐玩度的重要因素。從目前市場上的遊戲來看，可以將它分成兩種，一種是有劇情的感官性遊戲，另一種是無劇情的刺激性遊戲。

一、有劇情式

有劇情式遊戲側重於遊戲帶給玩家的劇情感觸。這種遊戲的主要目的是讓玩家隨著遊戲中編排的故事劇情感受遊戲。在遊戲中，會先讓玩家瞭解所有的背景、時空、人物、事情等要素，然後玩家就可以依照遊戲劇情的排列順序往下進行。比如，在一般的角色扮演類遊戲中，玩家會扮演故事中的一名主角，而劇情則圍繞這名主角周圍發生的大小事展開，所以有劇情遊戲的特點是用"故事"來引導玩家。《巴冷公主》就是這種類型。

對於有劇情遊戲，如果劇情精彩，絕對會增加遊戲的耐玩度。通常，遊戲設計者會利用劇情來增強遊戲效果，而劇情安排方式又可以劃分為三種類型。當然，一款遊戲中有時會穿插不同的劇情安排方式。

A君向著B君

A君說："聽說山林中出現了一些怪物。"

B君說："嗯！" A君說："這些可怕的怪物好像會吃人。" 上面這段對話平淡無奇，很難從對話的內容去推斷當時的氛圍到底是"不以為然"還是"憂心忡忡"，既然連設計者都不能判斷它的意境，那就更不用說玩家了。不過，如果將上述對話修改，將大大增加情境感染力。

A君背上背著一把短弓，腰上系著一把生鏽的短刀，面色凝重地向著B君。

A君以微微顫抖的雙唇說道："前幾天，我的兄長清早到山林中砍柴，可是他這一去就去了好幾天，不知道是不是發生了什麼危險。"

B君說："你的兄長？村外的山林？天啊！會不會被怪物抓走了！"

A君臉色大變地說道："怪物？村外的山林裡有怪物？"

從上面這兩個簡單的對話例子可以看出：兩者的情境感染力差距相當大。第二段對話很容易就將玩家帶進當時的情景，而且會讓玩家產生想要瞭解遊戲劇情的衝動。下面是《巴冷公主》中的一段情節，是巴冷公主大戰魔神仔的精彩片段。透過這段劇情，便可讓玩家產生驚悚刺激、高潮迭起的投入感。

聽完小黑的"遺言"，巴冷心意已決，只見她凌空躍起，以大鵬展翅之勢，緊繞魔神仔上空旋轉。她眼中飽含著淚水，心中悲憤異常。一頭烏黑的秀髮竟然如刺蝟般地豎立起來，巴冷準備驅動自己生命中所有的靈動力與魔神仔同歸於盡。

正當魔神仔興奮地咀嚼小黑還在跳動的心臟時，巴冷使出幽冥神火的最終一擊，即使知道這招可能會同時讓她喪命也在所不惜，她大喝道："烏利麻達呸"。

一道紫紅色泛著金黃光環的強光疾射向魔神仔的心臟，當被幽冥神火不偏不倚地射中時，魔神仔突然停止所有的動作，靜止不動，僅僅剩下一口氣的小黑採取了自殺式的引爆，結束自己的生命。

"砰！砰！砰！"連續數聲如雷般巨響，魔神仔與小黑同時被炸成了數不清的肉塊及殘骸。不過令人匪夷所思的是，魔神仔的心臟竟然還能跳動，一副作勢想要逃走的模樣。在半空中施法的巴冷見狀，唯恐這顆心臟日後借屍還魂，急忙丟出身上所佩戴的"太陽之淚"。

二、無劇情式

無劇情式遊戲側重於遊戲帶給玩家的臨場刺激感，如《半條命》（圖 2-7-1）。這種遊戲的主要目的是讓玩家自行推動故事的發展。在遊戲中，它只告訴玩家主角所在的時空、背景，而遊戲劇情如何發展要靠玩家自己去發掘。例如，在《半條命》遊戲中，玩家所扮演的角色是一個拿著槍的人物，並且夥同朋友一起去攻打另外一支隊伍，而在攻打另一支隊伍的同時，也創造出了一個屬於自己的故事。

圖 2-7-1 無劇情式遊戲《半條命》

第八節 遊戲設計的感官

遊戲是一種表現藝術，也是人類感官的綜合溫度計。在早期雙人格鬥遊戲中，我們可以看到兩個人物很簡單的對打和單純的背景畫面，在類似這種遊戲剛出現的時候，玩家被這種特殊的玩法所吸引，這種兩人互毆遊戲帶給玩家的純粹是一份打鬥刺激感。但因為這種遊戲不能表現出真實的感覺，所以玩家對這種遊戲的熱度很快下降。

現在的格鬥遊戲雖然在玩法和機制上與過去沒有多大不同，但在遊戲畫面上增加了聲光十足的特效，這足以挑動玩家的熱情。例如，在《鐵拳》(圖 2-8-1)遊戲中，那些站在主角與電腦周圍的觀眾，雖然與主角是否可以取勝完全搭不上關係，但是由於他們的襯托，玩家在玩遊戲的時候，仿佛置身格鬥現場。簡單地說，這種氣氛更能幫助玩家將感覺融入遊戲中。

一、視覺感受

電影是一種以視覺感受來觸動人心的藝術，其目的是讓觀眾受到電影中故事情節的影響。例如：當你看恐怖片的時候，心裡就會有一種毛骨悚然的感覺；看溫馨感人的文藝片時，淚水就會在眼眶中滾動；或者當你在看無厘頭的喜劇片時，你可以在毫無壓力的情況下放聲大笑。從醫學的角度看，眼睛是心靈的窗戶，我們大腦接收的外界資訊大都是由眼睛傳達的。簡單地說，影響人的喜、怒、哀、樂的最直接方法就是利用視覺感受來傳達資訊。

同樣的道理，在遊戲裡直接影響我們的就是視覺感受。一般情況下，如果在遊戲中看到以暗沉色系為主的題材，相信一定會產生一種莫名的壓抑感，而遊戲所要表達的意境也就是這種陰森、恐怖的情景；如果在遊戲中看到以鮮豔色系為主的題材時，相信遊戲所要表達的意境會是比較活潑、可愛的情景。

圖 2-8-1　《鐵拳》中的格鬥畫面

二、聽覺感受

除了眼睛之外，對人類情緒影響最大的器官就是耳朵了。耳朵是人類可以接收聲波的工具，所以當我們在聽到聲音時，大腦會去分析解釋它的意義，然後再通知身體的每一個部分，並且適時地做出反應。如果一個人將鞭炮聲定義成可怕的聲音，那麼當這個人聽到鞭炮聲時，大腦一定會通知他的手去摀住耳朵，然後身體再縮成一團，並且要等到鞭炮聲消失才會停止這種舉動。

在遊戲表現上，也可以利用聲音來強化遊戲的品質與玩家感受。以現在的遊戲品質要求，聲音已經是一個不可或缺的角色。例如，玩家在玩跳舞機時（圖 2-8-2），若只能看到螢幕上那些上下左右的箭頭一直往上跑，卻不能聽到任何聲音，也就是說只能看著那些箭頭同時猛踩踏板，而不能跟著音樂的節奏跳舞，那麼這種遊戲玩起來就顯得無聊了許多。一款成功的遊戲，絕對會在音樂與音效上下很多功夫。有些玩家可能會因為喜歡某一款遊戲而去購買它的電玩音樂 CD，那表示他不只是喜歡遊戲，而且還喜歡它的音樂。一款品質好的遊戲會帶有許多優質的音效。例如，在遊戲中陰暗的角落裡，可以聽見細細的滴水聲；在空曠的洞穴中，也可以聽到悶悶的回音，這些音效都是設計者以十分出色的技巧在遊戲中塑造出的一種充滿生命力的新氣息。

三、觸覺感受

遊戲中的觸覺並不是我們一般所認定的身體上的感受，而是一種綜合視覺與聽覺之後的感受。那麼，為什麼是視覺與聽覺的綜合感受呢？答案很簡單，就是一種認知感。當我們透過眼睛、耳朵接收到遊戲的資訊後，大腦就開始運轉，根據自己所了解到的知識與理論來評論遊戲所帶來的感覺，而這種感覺就是對於遊戲的認知感。

從玩家對於遊戲的認知感來看，一款遊戲如果不能表現出華麗的畫面、豐富的劇情，玩家就會對遊戲產生厭惡感。如一款賽車遊戲，如果遊戲不能表現出賽車的速度感和物理上的真實感（撞車、翻車），縱然遊戲畫面再怎麼華麗、音效再怎麼好聽，玩家還是不能從遊戲中感受到賽車遊戲所帶來的快感與刺激，那麼這一款遊戲很快便會"無疾而終"。所以觸覺的感覺可以解釋成是視覺與聽覺的綜合感受。

圖 2-8-2　娛樂與健身融於一體的跳舞機

第九節 遊戲的分類與特點

一、動作遊戲

21世紀以前，單機遊戲占絕對統治地位，動作遊戲（Action Game，簡稱ACT）佔據了遊戲產品的半壁江山。隨便翻出一份某年度熱門機種的遊戲列表，不管是FC、MD還是PS，上面的遊戲都是以動作類遊戲為主。這一方面是因為動作類遊戲開發較為簡單，對公司的技術實力要求沒有那麼高，另一方面也表明動作類遊戲受到廣大玩家的歡迎與追捧。

格鬥遊戲（Fighting Game，簡稱FTG）無論是在遊戲開發上還是遊戲本身內容的特點上和其他ACT幾乎一致。因此把它歸在動作類遊戲之列，不單獨進行分類。《街頭霸王》（圖2-9-1）系列一直是該領域的扛鼎之作，如今這個系列也大勢所趨地實現了3D化。

還有一些遊戲也明顯帶有動作遊戲的特點，或者與之相結合產生了一些新的遊戲類型：動作冒險遊戲（Action Adventure Game），代表作《波斯王子：時之刃》（圖2-9-2）；動作角色扮演類遊戲（Action RPG），代表作《鬼武者》（圖2-9-3），等等。

圖2-9-1 《街頭霸王》

圖2-9-2 《波斯王子：時之刃》

圖2-9-3 《鬼武者》

動作類遊戲的設計要素主要包含以下方面。

1. 關卡

一般來講，我們習慣把動作類遊戲劃分為多個連續的關卡，玩家必須在每一個關卡裡完成指定的任務，當任務完成之後,關卡結束。玩家從轉跳點轉換場景，進入另一個關卡，依次類推，直至關卡全部完成。每個關卡相對於上一級關卡在難度上會有所提升。一般來講，第一個關卡通常作為遊戲的上手關卡，主要是讓玩家熟悉遊戲操作，最後一個關卡是最終決戰，一旦玩家完成該關卡，遊戲隨之結束。

通常,在設計關卡時，我們又往往為每一個關卡設計一個主題，該主題作為遊戲關卡設計的主要目的，也就是該關卡的主要目標。另外，為了增加遊戲的趣味性，圍繞主要目標我們又會設計多個分目標。比如，我們設計該關卡的主要目標為殺死"蓬蒙"這個 Boss，但是"蓬蒙"有金鐘護體，普通刀劍根本無法對其造成傷害，唯一能對 Boss 造成傷害的"鬼刃"在黃帝與蚩尤之戰時已經斷為兩截，被埋在扶桑樹下。玩家必須從某一個山洞中找到一顆紅寶石，將斷裂的寶劍修復，然後才能打敗 Boss。在這個關卡當中，玩家的主要目標是消滅最終的 Boss，分目標是取得寶劍和寶石，並將斷裂的寶劍修復。

2. 復活點

如果玩家在遊戲中死亡，將從什麼位置重新開始這個遊戲，這個位置就是我們平時所說的復活點。

一些遊戲,會在玩家死亡座標一定範圍內找到一個點，玩家從這裡復活繼續遊戲，如《魂鬥羅》（圖 2-9-4）,玩家落入水裡死亡以後會在落水前的位置刷新人物。如果在遊戲中這麼設置，要注意不要出現閉環，比如說人物刷新後直接掉到水裡再次死亡的情況。

另外的一些遊戲角色死亡後會從關卡的起點重新開始遊戲。這種方式會提高遊戲的挑戰性，玩家必須在遊戲中小心翼翼地避免角色死亡。而角色一旦死亡，通常會引起玩家的挫折感,玩家必須"完美"透過一個關卡,才能進入下一關。如《超級瑪麗》（圖 2-9-5）。

第三種方法介於上述兩者之間,隨著玩家在關卡裡的前進，他會遇到許多預先設定的復活點，當角色死亡後，關卡將從玩家上次成功抵達的最近的復活點重新開始遊戲。如《古墓奇兵》,玩家一旦死亡,玩家可以從上次存檔處讀取記錄進行遊戲。

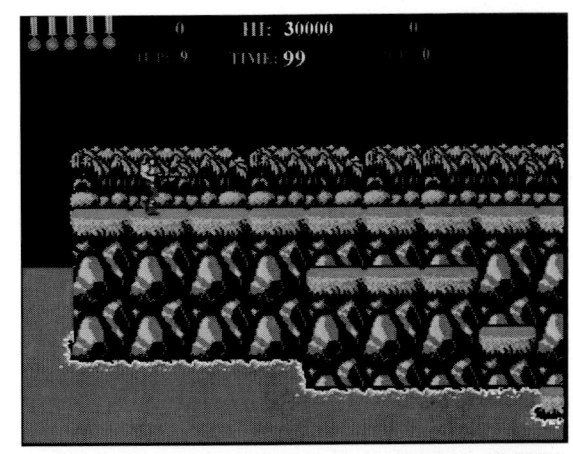

圖 2-9-4《魂鬥羅》

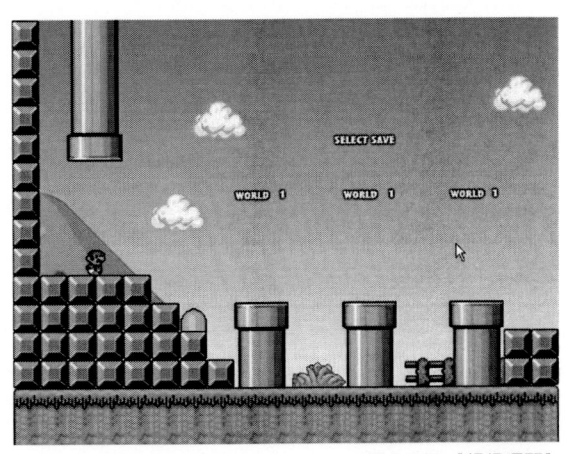

圖 2-9-5《超級瑪麗》

3. 生命數

在遊戲中，玩家通常擁有幾次死而復活的機會。比如說遊戲一開始玩家擁有三條命，碰到敵人或是一些危險行為時,玩家便損失一條生命。當三條命全部損失後，玩家必須從復活點重新開始遊戲。玩家通常可以拾取"寶物"或是達到特定的分數後，才能被獎勵額外的生命。

4. 生命數值

玩家的角色在遊戲中被賦予總數有限的生命數值，比如說 100，當角色受到攻擊時，便損失一定的數值，玩家在遊戲中可以使用收集到的物品以及遊戲道具等補充部分生命數值。

一般來講，生命數和生命數值通常搭配使用，在這種情況下，當角色生命數值耗盡時，角色便損失一條生命，當生命全部耗盡時，遊戲結束。

5. 時間限制

時間限制指的是在遊戲進行中運用一個從某個數值倒數至零的計時器來顯示時間，當計時器為零時，將會發生一個對遊戲中的人物造成重大影響的行為，如任務失敗或角色死亡等。

時間限制通常有三種方法：第一種是"關卡"計時器。玩家必須在有限的時間內透過關卡，如果無法在規定的時間內透過，關卡被迫重置，玩家需重新開始遊戲。如果玩家在還有剩餘時間的情況下完成關卡，那麼剩餘的時間將會乘上一個常數作為獎勵"分數"。

第二種運用時間限制遊戲元素的方法，是作為重大災難事件的倒數計時器。玩家必須在時間用盡前完成某項任務，否則將會有重大災難發生。比如，《反恐精英》中匪方玩家埋下雷包後，倒計時開始，玩家必須在計時器為零前逃離一定區域，否則雷包爆炸後玩家就會受到傷害。

第三種運用時間計時器的方式是限制某些物品的作用時間。當時間用完時，角色將由增強狀態恢復到一般狀態。這些物品可以是增加玩家的某些屬性，也可以是減少玩家的某些屬性，如《魔獸世界》中的 Buff 和 Debuff。

6. 分數

有時候，在動作遊戲裡，分數是唯一的進展指示器，用以告知玩家遊戲的進程如何。這也是玩家之間比較技藝的標準之一。許多的遊戲會設置一個積分排行榜。玩家的分數會被記錄在積分排行榜裡供人敬仰，這樣可以讓優秀的玩家有誇耀的權利。

7. 特殊道具

特殊道具是動作類遊戲的設計項目之一。它是進行遊戲時獲得的獎勵，讓玩家有機會提升角色的某些屬性。在遊戲中通常的表現形式是更強大的武器、護盾以及"增強寶物"。

"增強寶物"主要分為兩種：永久型的和臨時型的。永久型的增強寶物會在接下來的遊戲裡保留在角色身上，直至玩家死亡或遊戲結束。臨時型的增強寶物通常只會暫時讓角色在短時間內擁有強力優勢。一般的原則是：優勢越強，作用的時間越短。如《雷神之錘 3》（圖 2-9-6）中的四倍傷害物質。另外一種是在時間允許的範圍之內允許一定量的使用，也就是類似於 CD 時間。

圖 2-9-6 《雷神之錘 3》　　　　　　　　　　　　　　　　　　圖 2-9-7 格鬥遊戲使用必殺技

在另外的一些遊戲裡還有一種特殊的"增強寶物"，那就是能力值。玩家可以獲得一定數量的"點數"，並可用在升級上，到達一定程度時，玩家將被允許決定他想要如何升級他的角色屬性和技能等。

"組合招式"是增強型寶物的特例。這種方式在格鬥類型的遊戲裡比較常見，玩家需要按照一定節奏輸入一連串指令。成功的結果是能夠突破對方的特殊招式。招式的效果通常與執行的難度有一定的關係。因此，越困難的特技伴隨著越高的風險。

8. 收集物品

收集物品可讓玩家增加分數或獲得其他的獎勵物品。玩家不會因為無法取得它們而受到懲罰，但是如果玩家在遊戲中收集到了足夠多的收集物品，就有可能獲得某些特殊的報酬。

9. 必殺技

在早期的動作類遊戲中，玩家可以在遊戲中擁有數量有限的必殺技，且使用後只有極少的機會再次獲得或不能獲得。它的作用是瞬間消滅周圍的敵人。消滅的程度會依據遊戲的不同而有所不同。玩家通常在緊急且沒有其他選擇的情況下使用必殺技，但使用時又往往對玩家有一定的懲罰，如減血等。(圖 2-9-7)

10. 瞬移

瞬移是指玩家使用後可以轉移到遊戲畫面中其他位置的一種機制。這在早期的街機上比較常見。

11. 敵人數目

在遊戲關卡裡面，敵人出現的方式有下面兩種。

第一種是敵人的設定與出現時間表已經事先確定，只有部分敵人是隨機出現的。

第二種是敵人完全以隨機的方式出現，但出現的數目因遊戲的難度而定。

在關卡裡，敵人會以某種組合靠近玩家。這些組合通常由不同種類的敵人組成，如步槍兵＋衝鋒槍兵＋指揮官、坦克＋步兵等。遊戲越進行到後面，組合中將會出現越來越強的敵人。隨著玩家遊戲進程的推進，敵人的強度和數量會有所變化，在關卡結束時會達到一個峰值。

12. Boss

在多數遊戲裡面,一個關卡的結尾,總會有一個最終的怪物把守,這個怪物比以前出現的任何敵人都難以擊敗,我們習慣上稱這個怪物為大 Boss,每一個關卡中出現的能力低於該 Boss 的怪物稱為小 Boss。

在遊戲中,玩家擊敗 Boss,就可以切換到另一組關卡。對付這些 Boss,通常要使用特殊的攻擊方式。

我們設計時要注意,Boss 的身份應該和關卡的主題相一致。比如,在一個武俠類遊戲中,最後的 Boss 不能為一個擁有高科技武器的機械化怪物等。有時候我們也可以利用玩家已經遇到過的敵人來充當最終 Boss 當然,這個怪物已經進化到了另一個更強大的版本。(圖 2-9-8)

13. 小怪

小怪是為了增加遊戲的趣味性,在正常的敵人設置中出現的隨機敵人,這種設置是隨機出現的。

14. 鎖上的門和鑰匙

這一部分的門和鑰匙是作為實體物件和道具出現的。玩家打開門後,可以透過一個關卡或進入另一個關卡中。(圖 2-9-9)

15. 怪物生成器

怪物生成器是指在遊戲中設置的可以不斷產生敵人攻擊玩家的元件。如果在遊戲中設置的生成器可以無限生產怪物,那麼在做遊戲設計時必須要考慮到玩家可以擊毀它,否則玩家就有可能被潮水般的敵人淹沒。

16. 地圖的出口

玩家在遊戲中,要透過地圖的出口才能進入下一個新地圖,或是當前地圖內的新區域。

圖 2-9-8 動作類遊戲,玩家將在每關最後挑戰強大的 Boss

圖 2-9-9 透過一個關卡

60

17. 迷你地圖

迷你地圖用來顯示玩家在遊戲中的所在區域以及觀察角色附近的一定區域的情況時使用。動作類遊戲越來越複雜，遊戲區域早已跨躍了以前的單屏時代，一張地圖往往有幾屏、十幾屏甚至幾十屏，這個時候需要小心留意畫面上看不到的遊戲世界發生的事情，這就需要用到小地圖。

二、冒險遊戲

冒險遊戲（Adventure Game，簡稱 AVG）是電子遊戲中的一大類。它強調故事線索的發掘，主要考驗玩家的觀察能力和分析能力。它像角色扮演遊戲那樣善於營造故事氛圍並感染玩家，但不同的是，冒險遊戲中玩家操控的遊戲主角本身的屬性能力一般是固定不變的，不會影響遊戲的進程。

AVG 多是根據各種推理小說、懸念小說及驚險小說改編而來。早期的 AVG 基本就是載入圖片、播放文字與音樂音效、進行劇情介紹，玩家的互動很有限。直到 CAPCOM 的《生化危機》（圖2-9-10）系列誕生以後才重新定義了這一類型，產生了融合動作遊戲要素的冒險遊戲。這一系列遊戲特別善於營造恐怖氣氛，深受喜愛恐怖片、槍戰片的玩家歡迎。

歐美國家也很重視冒險遊戲的開發，例如，著名的冒險遊戲《古墓奇兵》系列中的第八代作品（圖2-9-11）。這個系列遊戲主要是描述英國女探險家在世界各國的遺跡中尋寶解密的經過。錯綜複雜的探險路線是此系列遊戲的特色，"尋找謎底的真相"和"無限風光在險峰"是驅動玩家不斷戰勝困難、向深處挺進的動力。

應該說這類遊戲迎合了人們內心渴求冒險刺激的需要，而且玩家透過虛擬環境模擬，也不用擔心自己的安全。為了更好地讓玩家親身體會"親身"冒險的樂趣，AVG 遊戲在開發技術上越來越注重 3D 圖形技術的應用，對玩家硬體設定要求較高。

圖 2-9-10 《生化危機》

圖 2-9-11 著名的冒險遊戲《古墓奇兵》系列中的第八代作品

冒險類遊戲早期多在 PC 上發展，也算是計算機遊戲最早的類型之一。隨著電腦性能的提高，冒險類遊戲也有了全新的變化，大多發展成類似動作角色扮演類遊戲，只不過有一些特殊條件不太相同而已。

冒險類遊戲具有 RPG 類遊戲的人物特色，卻沒有角色扮演類遊戲的人物升級系統。也就是說，冒險類遊戲會特別強調人物故事劇情的發展，但人物本身的等級強弱卻不會有什麼變化，《員警故事》與《神秘島》、《古墓奇兵》等都是冒險類遊戲的代表作。

冒險類遊戲的設計要素主要包括以下兩方面。

1. 發展過程

冒險類遊戲雖沒有角色扮演類遊戲的角色升級系統，但含有很多的解謎與冒險成分，通常其主要的屬性是固定的。遊戲本身最主要的目的是要讓玩家在遊戲中透過不斷思考，獲得解決各種問題的答案。這方面最經典的遊戲應該屬於 CAPCOM 公司發行的《生化危機》與 EIDOS 公司發行的《古墓奇兵》（圖 2-9-12）系列遊戲。雖然這些故事內容不盡相同，但都有一個共同點，那就是以解謎為遊戲的主要線索。

圖 2-9-12《古墓奇兵》系列遊戲

冒險類遊戲通常以緊張懸疑的故事情節為遊戲主線，主角會來到一個充滿機關的城鎮或建築物裡。在這些地方有著不可告人的秘密或富可敵國的寶藏，玩家們必須思考判斷以破解各種機關，並設法透過各種關卡。緊湊懸疑的劇情讓玩家樂在其中。例如，知名的《惡靈古堡》系列對遊戲氣氛的掌握相當成功，3D 人物、怪物造型十分驚人，故事情節安排跌宕起伏，以及隱藏的各種秘技等，遊戲模式令人耳目一新。

2. 設計風格

冒險類遊戲的架構實際上與 ARPG 遊戲非常相似，只是冒險類遊戲還必須加上合理機關與劇情發展，讓玩家感覺好像在看一場電影、一本小說，如果設計者希望把遊戲設計得更錯綜複雜一些，還可以在遊戲中加入分支劇情，這樣更能增加遊戲的豐富性。在製作冒險遊戲時，需把握以下三個特點。

首先，強調人物的刻畫。冒險類遊戲強調的是角色在故事裡的存在價值，角色背景需要非常鮮明，讓玩家們瞭解得清清楚楚，所有在故事劇情裡出現的人物都必須要有存在的合理性與意義。

其次，合理的故事情節。冒險類遊戲非常重視故事情節的發展，它是吸引玩家繼續玩下去最有利的工具，合理又懸念叢生的劇情讓玩家們很容易投入到遊戲之中，玩家會因為對故事的結局產生好奇而一直不斷地玩下去。

第三，豐富的機關結構。冒險類遊戲最主要的特色就是充滿了各式各樣的機關，這些機關必須具備豐富性與合理性，而且又不會太難破解，因為遊戲中的機關通常是遊戲進行的主幹道，所有的故事劇情都可能在機關的前後發生。

事實上，當初以美式風格為主的冒險類遊戲在剛進入國內遊戲市場的時候，許多玩家很難接受它的遊戲機制，但是從近幾年的冒險類遊戲看，其內容的豐富性與美式電影風格的製作手法等，已經讓冒險類遊戲成功地打動了玩家的心。

三、模擬遊戲

模擬遊戲（Simulation Game，簡稱 SIM），主要以電腦類比真實世界當中的環境與事件，為玩家提供一個近似於現實生活當中可能發生的情景遊戲。模擬遊戲的題材非常豐富，下面列出一些標題，讀者可以顧名思義：《模擬城市》（圖 2-9-13）、《模擬人生：大學生活》《我是航空管制員：成田機場篇》《主題公園》《主題醫院》（圖 2-9-14）、《仙劍客棧》《冠軍足球經理》等。

遊戲世界是真實世界的反映。對於現實條件不允許，而又想當明星、企業家、政客的玩家便可以借此遊戲類型夢想成真。其中還有一類題材特別受女性玩家歡迎，那就是戀愛養成類遊戲，其代表作有《明星志願》（圖 2-9-15）、《心跳回憶》（圖 2-9-16）等。

圖 2-9-13《模擬城市》

圖 2-9-14《主題醫院》

圖 2-9-15《明星志》

圖 2-9-16《心跳回憶》

模擬類遊戲最大的特色就是模仿力求完美，遊戲操作指令也較為複雜，側重於器具的物理原則及給玩家的真實感受，讓玩家在遊戲中獲得置身其中的真實感受。正因為模擬類遊戲強調模擬現實狀況，所以在設計上較重視物體的數學及物理反應。簡單地說，一顆鉛球從半空中落下，絕不會像羽毛那樣隨著風飄動，任何物體的移動都必須符合物理學上的加速、減速等原理，如果違反物理規律，就會讓玩家感到不真實。所以在制作模擬類遊戲時，就要包含許多科學的原理，如風阻、摩擦力等，這樣的模擬遊戲才會更加吸引人。

四、角色扮演類遊戲

如果說動作類遊戲都是對現實的某項人類活動的再現與模擬的話，那麼角色扮演類遊戲（Role-Playing Game，簡稱 RPG）則是對人生經歷的再現與模擬。

1. 發展過程

角色扮演類遊戲是由桌上型角色扮演遊戲（Tabletop Role-Playing Game, 簡稱 TRPG）演變而來的，它屬於紙上棋盤戰略類遊戲，必須由一個遊戲主持人（Game Master, GM 或稱地牢主人）和多個玩家共同參與。

遊戲主持人負責在遊戲流程中講述遊戲故事內容，可以說他是遊戲故事的講述人，同時也是遊戲規則的解釋人。遊戲進行時，玩家可以用擲骰子的方式來決定前進的步數，再由主持人講述此遊戲的內容。在遊戲中，主持人就是遊戲的靈魂，所有玩家分別是故事中的一個特定的角色，而這個故事的精彩與否取決於主持人的能力。利用擲骰子的方式體驗不可預演的結果和不可預測的玩家行動，就是角色扮演類遊戲的最原始雛形。

桌上型角色扮演類遊戲在歐美國家已經風行多年，其中最深得人心的一款作品為《D&D》系列遊戲。所謂的《D&D》就是我們通常所說的《龍與地下城》（Dungeons and Dragons）（圖 2-9-17），它是以中古時期的劍與魔法奇幻世界為主要背景的 TRPG 遊戲系統。而《魔獸世界》是當前較為流行的一款 TRRG。

圖 2-9-17　《龍與地下城》

可以說《D&D》遊戲系統是 RPG 的先驅，目前的絕大部分同類型遊戲都遵循《D&D》系統所制訂的規則，包括戰鬥系統、人系系統、怪物資料等。與遊戲內容相關的設置工作也大同小異。隨著硬體設備的日新月異，RPG 除了保留原來的故事性外，也慢慢地開始強調遊戲畫面的聲光效果帶給玩家的新奇感受。例如，目前最為流行的網路遊戲《天堂 2》《無盡的任務》（圖 2-9-18）和《魔獸爭霸 3》等，都是完全參考《D&D》各個時期所製作的規則系統。

2. 設計風格

RPG 的最大特點是：它集很多遊戲玩法於一體，遊戲故事內容基本固定，玩家必須遵循固定線路操作，直到最終結局。單純以一個場景來說，當玩家操作的人物在路上行走時可能會與敵人不期而遇，也可能會撿到裝備寶物或觸及一些特定事件，這些都必須要經過策劃人員深思熟慮的設計。一般來說，PRG 多以劇情為重。不管 RPG 有多複雜，它們都離不開幾項基本設計原則。

首先是人物描寫。RPG 的首要原則就是強調人物的特性描寫與人物故事背景的表現，以此達到角色扮演的目的。簡單地說，RPG 的最終目標是讓玩家感覺到自己在扮演遊戲中的人物。

圖 2-9-18 《無盡的任務》

其次是寶物的收集。RPG 的另一個較為重要的原則就是寶物的收集。無論是裝備、寶物還是《最終幻想》遊戲系列中的"召喚獸"機制，都可能成為玩家繼續玩下去的理由。

第三點是劇情事件。RPG 的主要核心就是它所呈現的故事劇情，這種故事劇情的內容將角色扮演的成分提升至最高，強調角色在故事裡存在的必然性。

第四點是華麗的畫面。為了提高 RPG 的質量，華麗的戰鬥畫面是設計者不能忽略的重點，因為這常會使玩家對遊戲愛不釋手，就如同《最終幻想》系列一般，它的 3D 真實戰鬥畫面深深地吸引著玩家，而且讓玩家們成為它忠實的粉絲。

第五點是職業的特色。這是 RPG 中較為成功的遊戲機制，所有人物都有自己獨特的個性，再加上本身所屬的職業，讓角色個性更加凸顯，如魔法師、僧侶、勇士等，每一個角色又可以與其他角色的能力互補，這項原則加強了 RPG 的品質與張力。例如《最終幻想 9》就以畫面精緻、質感佳、動畫生動而引人入勝，再加上戰鬥有趣、人物個性刻畫鮮明，最終取得了巨大成功。

五、其他遊戲

1. 策略類遊戲

在電子遊戲出現之前，策略遊戲（Strategy Game，簡稱 STG）就廣泛存在於桌面遊戲中了，如國際象棋和圍棋。策略遊戲主要要求遊戲的參與者擁有做出戰略決策或者戰術指揮的能力。在戰略遊戲中，決策對遊戲的結果產生至關重要的影響。而運用戰術指揮遊戲，玩家不僅僅要下達指令，還需要快捷及時。

依照安排策略進行順序的方式，可以分為回合制和即時制。

回合制策略遊戲的技術實現較簡單，出現也較早。在這種體制下，玩家之間或者玩家與計算機模擬的人工智慧之間要依照遊戲規則輪流做出決策，只有當一方完成決策後其他參與者才能進行決策。KOEI 的《三國志》《信長之野望》就是典型的使用回合制的策略遊戲。有趣的是，大部分非 PC 平台的策略遊戲都使用回合制，如在任天堂 SFC 上運行的《火焰紋章：聖戰之系譜》。這款策略遊戲還擁有豐富的劇情，有特色的角色成長系統，有些電玩書籍把這類遊戲歸為策略 RPG，即 SRPG。

即時制策略遊戲的技術實現較複雜，20 世紀 90 年代才走向成熟，其所有的決策都是即時進行的，即遊戲是連續的，玩家可以在遊戲進行中的任何時間做出並完成決策。《魔獸爭霸 3》以及《英雄連》就是這類遊戲的代表作，顯然 RTS 模式給玩家的體驗更加刺激。大多數 PC 平台的策略遊戲都採用即時制，而且即時策略遊戲幾乎只出現在 PC 平台，這一切應該歸功於 PC 獨有的遊戲外設——滑鼠。

策略類遊戲除了需要玩家熟能生巧外，頭腦是否靈活往往也是遊戲成敗的關鍵。早期的軍旗遊戲只能讓兩個人對壘，但目前策略類遊戲的主要樂趣取決於多人連線的廝殺過程。在遊戲中可以互相結盟，也可以反目成仇，可以團結多個人的力量去消滅另一個種族，還可以"翻臉不認人"，在同盟時期又去殺同盟國，在遊戲裡可以利用以物克物的方式來攻打對方，對方也可以用同樣的方式來攻打我們，遊戲的最大特色就在於如何充分調動玩家來配置兵種、管理內政。

其實，策略類遊戲除了戰略模式外，還包括"經營"與"培養"等遊戲方式，這方面較為經典的是《美少女夢工廠》（圖 2-9-19）系列遊戲。

2.射擊類遊戲

歷史悠久的射擊類遊戲（Shooting Game，簡稱 STG）早期大多是卷軸式的。典型 STG 的系統是在捲動的背景圖片上，玩家的活動塊（如飛機的子彈）與敵方的活動塊，做碰撞計算。玩家在遊戲中的目的就是獲得最高分數的記錄，或者是在敵方的槍林彈雨中成功存活。代表作品有 IREM 的《雷電》系列，彩京的《打擊者1945》系列。2D 版 STG 對於開發者而言僅僅就是換了一種美術表現形式的 ACT 遊戲。

這種狀況一直持續到 1992 年《重返德軍總部》的出現。這款出自美國 ID Software 公司的偉大作品意義深遠，它標誌著"第一人稱射擊遊戲"（First Person Shooting，簡稱 FPS）誕生，傳統的 2D 卷軸式 STG 幾乎被玩家遺忘，從此 3D 遊戲開始興起。FPS 遊戲對 3D 遊戲，特別是 3D 遊戲引擎發展做出了重大貢獻。實際上，FPS 遊戲常常伴隨著同名的遊戲引擎一同推出，引領 3D 圖形技術發展的潮流。2000 年紅遍網咖的 FPS 遊戲《反恐精英》（圖 2-9-20），善於營造玩家的臨場感，它和動作遊戲一樣強調爽快的操作（故事情節顯得不十分重要），對機器的硬體要求非常高。

3.體育類遊戲

體育遊戲（Sport Game，簡稱 SPG）是一種讓玩家可以模擬參與專業的體育運動專案的電子遊戲。其本質就是把實體場所進行的體育賽事搬到電子遊戲平台上。大部分 SPT 類遊戲讓玩家以運動員的形式參與，如足球、籃球、網球、高爾夫球、拳擊等。這些遊戲大都受到玩家歡迎。

由於飛行駕駛遊戲（Fly Game）和賽車競速遊戲（Race Game）特別受歡迎，遊戲品種很多，所以有些電玩書籍會專門列出這兩個分類。它們以體驗駕駛樂趣為遊戲訴求，給玩家提供在現實生活中不易獲得的交通工具，讓玩家獲得"運動的體驗"和"速度感"。在 3D 遊戲成為主流的時代，FLY 和 RAC 遊戲充分展示了其魅力。其代表作品有EA的《極品飛車》系列和微軟的《模擬飛行》。值得一提的是，目前還出現了一些以 FLY 和 RAC 遊戲為基礎的變形題材，如空戰題材的《鷹擊長空》（圖 2-9-21）、警匪題材的《俠盜車手》（圖 2-9-22）。

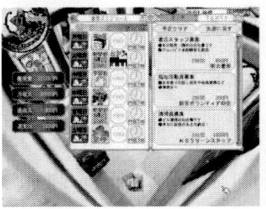

圖 2-9-19 《美少女夢工廠》系列遊戲

圖 2-9-20《反恐精英》

圖 2-9-21《鷹擊長空》

圖 2-9-22《俠盜車手》

4. 益智類遊戲

益智類遊戲（Puzzle Game，簡稱 PUG）原是指用來培養兒童智力的拼圖遊戲，後引申為各類有趣的益智遊戲，總的來說適合休閒。最著名的益智類遊戲當屬大家十分熟悉的《俄羅斯方塊》和《泡泡龍》（圖 2-9-23）。

圖 2-9-23《泡泡龍》

一般來說，益智類遊戲對電腦硬體要求很低，其特點主要有：規則簡單容易上手，玩一局所需時間較短，且可以隨時中斷，因此 PUG 深受工作繁忙的辦公室白領一族的喜愛，其中廣受歡迎的有《祖瑪》（圖 2-9-24）及《花園防禦》等益智類遊戲。遊戲公司也很樂於開發這類投入資金少、技術含量低、銷量廣的小品遊戲。

"規則"與"玩法"是益智類遊戲的重心所在，製作遊戲之前必須先瞭解遊戲的全盤規則，以及它可能包含的全部玩法，以免因設計人員與遊戲玩家想法不同而發生不可預料的狀況。事實上，由於益智類遊戲本身可能產生的變化並不多，因此為了吸引玩家、增加遊戲的耐玩性，獨創的遊戲機制絕對是不可或缺的重要因素。

5. 音樂類遊戲

音樂遊戲（Music Game，簡稱MUG）主要是以培養玩家的音樂敏感性、增強音樂感知為目的的遊戲。伴隨美妙的音樂，有的要求玩家翩翩起舞，有的要求玩家做手指體操，如大家都熟悉的跳舞機。目前的人氣網遊《勁舞團》（圖 2-9-25）及《勁樂團》等也屬其列。其中要注意的兩點如下。

第一，音樂是MUG的骨架和靈魂所在。其他的所有元素都是圍繞著這個元素在轉。曲目的選擇是非常講究的，相當於其他遊戲的市場定位水準，曲目的風格決定了使用者的核心定位，歌曲如果是華語流行，朗朗上口的曲目，受眾面就會比較廣，如果是電子樂居多，那麼青年玩家就將會是你的主要用戶。

圖 2-9-24 《祖瑪》

第二，決定使用何種方法去"演奏"所選擇的曲目。同樣的曲子有不同的玩法，可以做出不同風格的譜面。就像不同的曲子不僅可以使用吉他彈奏，也可以使用鋼琴彈奏，還可以用小提琴演奏等。玩家可以根據個人喜好來進行選擇，避免單調。

圖 2-9-25 《勁舞團》

思考與練習

1. 冒險類遊戲在設計時應該注意哪些要素？
2. 模擬類遊戲的特色是什麼？
3. 何謂角色扮演類遊戲？
4. 角色扮演類遊戲的特色是什麼？

第三章
遊戲開發工具簡介

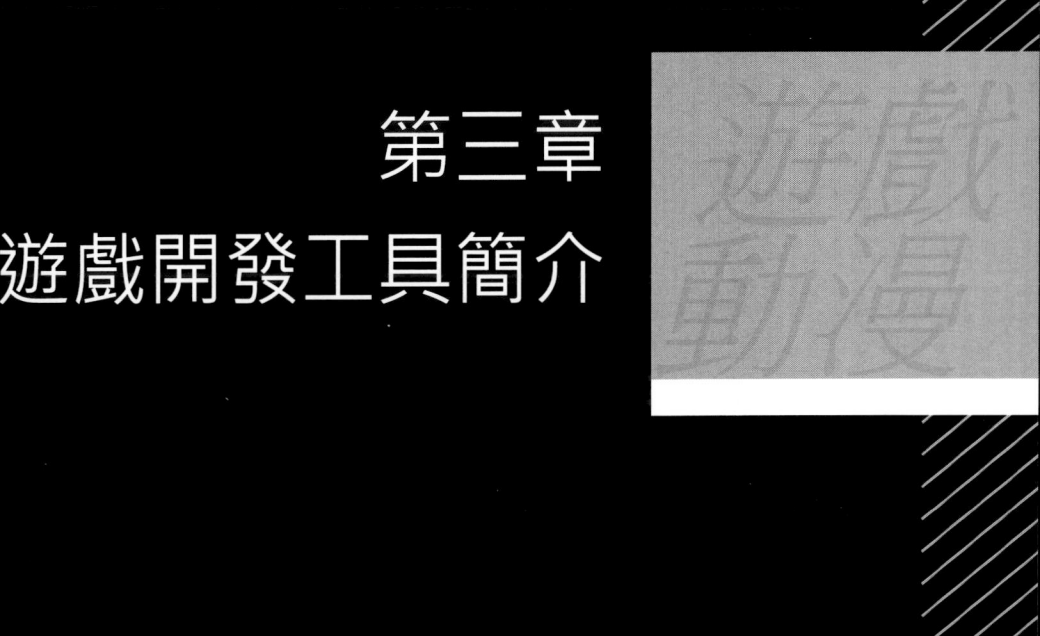

早期的遊戲開發是一件既麻煩又辛苦的事情，例如，在使用DOS作業系統的年代，要開發一套遊戲還必須要自行設計程式碼來控制計算機內部的所有運作，如圖像、音效、鍵盤等。不過，隨著電腦科技的不斷進步，新一代的游戲開發工具已在很大程度上改變了這種困境。

第一節 OpenGL

在一款廣受玩家喜愛的遊戲中，當前的3D場景與畫面是絕對不可或缺的要素。當然，這必須充分依賴3D繪圖技術的完美表現，它包含了模型、畫面繪製、場景管理等工作。

Direct3D對於PC遊戲玩家是相當熟悉的字眼。由於PC上的遊戲大多使用Direct3D開發，因此要運行PC遊戲，就必須擁有一張支持Direct3D的3D加速卡。所以3D加速卡的使用說明中大多注明了"支援OpenGL加速"。

Direct3D圖形函式程式庫是利用COM介面形式 提供成像處理，所以其架構較為複雜。而且穩定 性也不如 OpenGL。另外，Microsoft公司又擁 有該函式程式庫的版權。所以到目前為止，DirectX 只能在Windows平台上才可以使用Direct3D。

一、OpenGL 簡介

OpenGL是SGI公司於1992年推出的一個開發2D、3D圖形應用程式的API，是一套"計算機三維圖形"處理函式程式庫，由於是各顯卡廠商所共同定義的函式程式庫，所以也稱得上是繪圖成像的工業標準，目前各軟硬體廠商都依據這種標准來開發自己系統上的顯示功能。讀者可以從 http://www.opengl.org 下載OpenGL 的最新 定義文件。

電腦三維圖形指的是利用資料描述的三維空間經過電腦的計算，再轉換成二維圖像並顯示或列印出來的一種技術，而OpenGL就是支援這種轉換計算的程式庫。

事實上，在電腦繪圖的世界裡，OpenGL就是一個以硬體為架構的軟體介面，程式開發者可透過應用程式開發介面，再配合各圖形處理函數庫，在不受硬體規格影響的情況下開發出高效率的2D及3D圖形。有點類似C語言的"運行時庫"（Runtime Library），提供了許多定義好的功能函數，因此，程式設計者在開發過程中可以利用 Windows API 來存取檔，再以OpenGL API來完成即時的3D繪圖。

二、OpenGL 的運作原理

編寫OpenGL程序，必須先建立一個供OpenGL繪圖用的視窗，通常是利用GLUT生成一個視窗，並取得該視窗的設備上下文（Device Content）代碼，再透過 OpenGL 函數來進行初始化。其實，OpenGL 的主要作用在於，當用戶想表現高級需求的時候，可以利用低級的 OpenGL來控制。

以下顯示的是OpenGL如何處理繪圖中用到的資料。圖 3-1-1 是資料處理過程，可以看出，當OpenGL在處理繪圖資料時，它會將數據先填滿整個緩衝區，這個緩衝區內的資料包含命令、座標點、材質資訊等，在等命令控制或緩沖區被清空（Flush）的時候，將資料傳送至下一個階段去處理。在下一個處理階段，OpenGL會做座標資料"轉換與燈光"（Transform & Lighting, 簡稱 T&L）的運算，目的是計算物體實際成像的幾何座標點與光影的位置。

```
OpenGL API      DATA
                 ↓
         ┌───────┴───────┐
        T$L             CPU
         └───────┬───────┘
                 ↓
          Rasterization  →  Frame Buffer
```

圖 3-1-1 OpenGL 繪圖資料處理過程

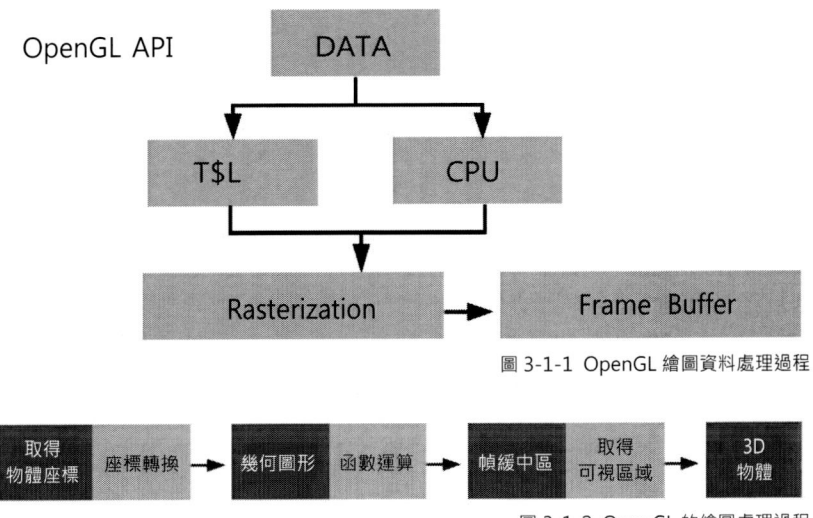

```
取得物體座標 → 座標轉換 → 幾何圖形 → 函數運算 → 幀緩中區 → 取得可視區域 → 3D 物體
```

圖 3-1-2 OpenGL 的繪圖處理過程

在上述處理過程結束之後，資料會被送往下一個階段。此階段的主要工作是將計算出來的座標數據、顏色與材質數據經過光柵化（Rasterization）技術處理來建立影像，然後將影像送至繪圖顯示裝置的框架緩衝區（Frame Buffer），最後再由繪圖顯示裝置將影像呈現於螢幕上。

例如，桌上有一個透明的玻璃杯，當研發者使用OpenGL處理時，首先必須取得玻璃杯的座標值（包括它的寬度、高度和直徑），接著利用點、線段或多邊形來生成這個玻璃杯的外觀。因為玻璃杯是透明的材質，可能要加入光源，這時將相關的參數值運用OpenGL函數進行運算，然後交給記憶體中的框架緩衝區，最後由螢幕來顯示（圖3-1-2）。

簡單來說，OpenGL在處理繪圖影像要求的時候，可以將它歸納成兩種方式，一種是軟體需求，另一種是硬體需求。

1. 軟體要求

通常，顯卡廠商會提供GDI(Graphics Device Interface,繪圖設備介面)的硬體驅動程式來提出畫面輸出需求，而OpenGL的主要工作就是接收這種繪圖需求，並且將這種需求建構成一種影像交給 GDI 處理，再由 GDI 送至繪圖顯卡上，最後繪圖顯卡才能將成果顯示於螢幕上。也就是說，OpenGL 的軟體需求必須透過 CPU 的計算，然後送至 GDI 處理影像，再由 GDI 將影像送至顯示裝置，這樣才能算是一次完整的繪圖顯像處理操作。從上述成像過程不難看出，這種處理顯像的方法在速度上可能會降低許多。若想提升顯像速度，必須讓繪圖顯卡直接處理顯像工作。

2. 硬體要求

OpenGL的硬體需求處理方式，是將顯像數據直接送往繪圖顯卡，讓繪圖顯卡去做繪圖需求建構與顯像工作，不必再經過 GDI，如此一來便能省下不少資料運算時間，並且顯像的速度也可以大大提升。尤其是在現今繪圖顯卡技術的提高與價格的下降成正比的時候，幾乎每一張繪圖顯卡上都有轉換與燈光的加速功能，再加上繪圖顯卡上記憶體的不斷擴充，繪圖顯像過程似乎都不需要經過 CPU 和主記憶體的運算了。

第二節 DirectX

早期的電腦硬體與軟體都不發達,要開發一款遊戲或多媒體程式是一件十分辛苦的工作,特別是要求開發人員必須針對系統硬體(如顯卡、音效卡或輸入裝置等)的驅動與運算,自行開發一套系統工具模組來控制電腦內部的操作。

例如,在運行 DOS 下的遊戲時,必須先設置音效卡的品牌,再設置音效卡的 IRQ、I/O 和 DMA,如果其中有一項設置不正確,那麼遊戲就無法發出聲音了。這部分設置不但讓玩家傷透腦筋,而且對遊戲設計人員來說也是件非常頭疼的事,因為設計者在製作遊戲時,需要把市面上所有音效卡硬體資料都收集過來,然後再根據不同的 API 函數來編寫音效卡驅動程式。

IRQ(Interrupt Request) 中文解釋為中斷請求。因為電腦中的每個組成元件都會擁有一個獨立的 IRQ,除了使用 PCI 匯流排的 PCI 卡之外,每一元件都會單獨佔用一個 IRQ,而且不能重複使用,至於 DMA(Direct Memory Access) 中文翻譯成 "直接記憶體存取"。

幸運的是,現在在 Windows 操作平台上運行的遊戲不需要做這些硬體設備的設置了。因為 DirectX 提供了一個共同的應用程式介面,只要遊戲本身是依照 DirectX 方式來開發的,不管使用的是哪家廠商的顯卡、音效卡甚至是網卡,都可以被遊戲所接受,而且 DirectX 還能發揮出比在 DOS 下更佳的聲光效果,但前提是顯卡和音效卡的驅動程式都要支援 DirectX。

一、認識 DirectX SDK

DirectX 由運行時(Runtime)函式程式庫與軟件開發套件(Software Development Kit,簡稱 SDK)兩部分組成,它可以讓以 Windows 為操作平台的遊戲或多媒體程式獲得更高的運行效率,能夠加強 3D 圖形成像和豐富的聲音效果,並且還提供給開發人員一個共同的硬體驅動標准,讓開發者不必為每個廠商的硬體設備來編寫不同的驅動程式,同時也降低了安裝設置硬體的複雜度。

在 DirectX 的開發階段,運行時,函式程式庫和軟體開發套件基本上都會使用到,但是在 DirectX 應用程式運行時,只需使用運行時函數庫。而應用 DirectX 技術的遊戲在開發階段中,程式開發人員除了利用 DirectX 的運行時函式程式庫外,還可以透過 DirectX SDK 中所提供的各種控制元件來進行硬體的控制及處理運算。

現在微軟也正在緊鑼密鼓地開發第十版(Vista 中 DirectX 10 的 beta 版),目的是讓 DirectX SDK 成為遊戲開發所必備的工具。不同 DirectX SDK 版本具有不同的運行時函數庫。不過,新版本的運行時函式程式庫還是可以與舊版本的應用程式配合使用。也就是說,DirectX 的運行時函式程式庫是可以向下相容的。讀者可透過 Microsoft 的官方網站 http://www. microsoft.com/downloads/ 來免費獲取最新版本的 DirectX 軟體。(圖 3-2-1)

圖 3-2-1 DirectX 下載頁面

DirectX SDK（DirectX 開發包）由許多 API 函式程式庫和媒體相關元件（Component）組成，表 3-2-1 列出了 DirectX SDK 的主要組件。

表 3-2-1 DirectX SDK 的主要組件

組件名稱	用途說明
Direct Graphics	DirectX 繪圖引擎，專門用來處理 3D 繪圖，以及利用 3D 命令的硬體加速特性來發展更強大的 API 函數
Direct Sound	控制聲音設備以及各種音效的處理，提供了各種音效處理的支援，如低延遲音、3D 身歷聲、協調硬體操作 等音效功能
Direct Input	用來處理遊戲的一些週邊設備，例如，搖桿、Game Pad 介面、方向盤、VR 手套、力回饋等週邊設備
Direct Show	利用所謂色篩檢程式技術來播放影片與多媒體
Direct Play	讓程式設計師輕鬆開發多人連線遊戲，連線的方式包括區域網路連線、數據機連線，並支援各種通信 協定

利用 DirectX SDK 所開發出來的應用程式，必須在安裝 DirectX 用戶端的電腦上才能正常運行。綜上所述，DirectX 可被視為硬體與程式設計師之間的介面，程式設計師不需要花費心思去構思如何編寫底層程式碼，進而與硬體打交道，只須調用 DirectX 中各類元件，便可輕鬆製作出高性能的遊戲程式。

二、DirectPlay

眾所周知，Windows 作業系統中建立了一組 GDI 繪圖函數，它簡單易學且適用於 Windows 的各種操作平台。但可惜的是，GDI 函式程式庫並不支援所有 種類的硬體加速卡，因此對於某些追求高效率的應用程式（特別是遊戲）而言，無法提供完美的輸出品質。

DirectGraphics 是 DirectX9.0 的內建群組件之一，它負責處理 2D 與 3D 的圖形運算，並支援多種硬體加速功能，讓程式開發人員無需考慮硬體的驅 動與相容性問題，即可直接進行各種設置及控制工作，適合開發互動的 3D 應用程式或多媒體應用程式。

在早期的 DirectX 中，繪圖部分主要由處理 2D 平面圖像的 DirectDraw 及 3D 立體成像的 Direct3D 組成。雖然 DirectDraw 確實發揮了強大的 2D 繪圖運算功能，但由於 Direct3D 繁雜的設置與操作讓初學者望而卻步，使得早期的多媒體程式很少用 Direct3D 技術開發。隨著版本的更新與改進，在 DirectX 8.0 中已將 DirectDraw 及 Direct3D 加以集成，生成單獨的 DirectGraphics 元件來應對 3D 遊戲呈日漸普及的趨勢。

由於 DirectDraw 與 Windows GDI 在使用上相似且簡單易學，用戶可以利用顏色鍵去做透空處理，直接鎖住圖頁進行控制，使得它在 2D 環境的平面繪圖上有相當不錯的成績。但是在 DirectX 8.0 之後的 DirectGraphics 組件中，它取消了 DirectDraw 原有的繪圖概念，強迫開發人員使用 3D 平台來處理 2D 介面，3D 貼圖與 2D 貼圖做法完全不一樣，它比 DirectDraw 更複雜。至於繪圖引擎（Rendering Engine），這裡指的是實際的繪圖控制，將輸入進來的指令執行後，其結果就會顯示在螢幕上。

表 3-2-2 DirectX SDK 的主要組件

座標轉換	參考世界（world）、相機（view）及投射（projection）三種矩陣及剪裁（viewport）參數，做頂點座標的轉換，最後得出實際螢幕繪製位置
色彩計算	依目前空間中所設置的放射光源、材質屬性、環境光與霧的設置,計算各頂點最後的顏色
平面繪製	貼圖、基台操作、混色加上上兩項計算的結果，實際繪製圖形到螢幕上

Direct Graphics 可以繪製的基本幾何圖形形態有下列六種。（表 3-2-3）

表 3-2-3 DirectGraphics 可以繪製的六種基本幾何圖形形態

基本幾何圖形形態	內容說明
D3DPT_POINTLIST	繪製多個相互無關的點（Points),數量=頂點數
D3DPT_LINELIST	繪製不相連的直線線段，每 2 個頂點繪出一條直線，數量=頂點數/2
D3DPT_LINESTRIP	繪製多個由直線所組成的相連折線，第 1 個與最後 1 個頂點當作折線的兩端，中間的頂點則依序構成轉振點，數量=頂點數-1
D3DPT_TRIANGLELIST	繪製相互間無關的三角形，每個三角形由連續的不在一條直線上的三個頂點組成，通常用來繪製 3D 模型，數量=頂點數/3
D3DPT_TRIANGLESTRIP	利用共用頂點的特性，繪製一連串三角形所構成的多邊形，第一個三角形由三個頂點組成，之後每加入新的頂點，與前一個三角形的後兩個頂點組成新的三角形，常用於繪製彩帶、刀劍光影等特效，數量=頂點數-2
D3DPT_TRIANGLEFAN	利用共用頂點的特性，繪製一連串三角形所構成的多邊形。與前者不同的是，所有的三角形皆由第一個頂點與另兩個頂點組成，第一個三角形由第一個頂點與第二、三個頂點組成。之後每加入新的頂點，與第一個頂點和前一個三角形的最後一個頂點組成新的三角形，看起來就好像扇形一樣，通常用來繪製平面的多邊形，數量=頂點數-2

例如，在 Direct Draw 時代，只要調用 Blt Fast 指定貼圖的位置就能將圖形檔貼到畫面上，但是如果使用 Direct Graphics 來進行 2D 圖形的繪製，其作用就大不相同。這種變化，在 Direct Graphics 出現的早期讓許多常用 Direct Draw 的軟體工程師停滯不前。換個角度想，Direct Draw 除了簡單外，要做出相當炫的特效，還需要自己動手寫，而在 3D 硬體加速卡普及的今天，運用 3D 功能做出超炫的畫面也就輕而易舉了，放著好端端的功能不用，遊戲的精彩度早已輸在了起跑線上了。

三、Direct Sound

在一些中小型遊戲中，對音效變化的要求較高，但系統又不能因為音效檔過度佔據了存儲空間，最終可能採用 Midi 音效檔。Midi 格式檔中的聲音資訊不如 Wave 格式檔豐富，它主要記錄了節奏、音階、音量等資訊。單獨聽 Midi 音效檔會覺得像是一個沒有和絃的單音鋼琴所彈奏的效果，甚至可以用難聽來形容。早期的遊戲很多就是使用 Midi 格式的音效檔，雖然效果不佳，但也比無聲地進行遊戲好許多。然而隨著軟、硬體技術的突飛猛進，使得電腦在播放 Midi 格式音效檔時可以進一步利用軟件或硬體的計算功能，模擬 Midi 音效播放時中間搭配和絃效果，使得 Midi 音效也能提供十分悅耳的音樂。這類加強 Midi 音效的軟體或硬體，通常稱為"音效合成器"，簡單地說，它的工作原理就是將 Midi 音效加以模擬，並轉換為 Wave 格式再透過音效卡播放出來。

近期的一些遊戲在開發時會採用 DirectX 技術來處理 Wave 與 Midi 音效檔，它們也提供了軟體音效合成器的功能。也就是說，如果玩家的音效卡已內置硬體音效合成器，則會直接用硬體的音效合成功能，如果音效卡上不支援合成器功能，則多半使用 DirectX 的軟體合成功能。

在 Windows 中提供了一組名 MCI(Media Control Interface) 的多媒體播放函數，其中包含了所有多媒體的公共命令。只要透過這些公共命令，即可進行媒體的存取控制與播放操作。不過，在絢麗畫面的遊戲世界裡，若想達到震撼人心的境界，還需適當的音樂陪襯才行，這時就感覺到 MCI 命令集的明顯不足了。

Direct Sound 功能比 MCI 更為複雜、多元，它是一種用來處理聲音的 API 函數，除了播放聲音和處理混音外，還提供了各種音效處理的支援，如低延遲音、3D 身歷聲、協調硬體操作等，並且提供錄音功能、多媒體軟體程式、低間隔混音、硬體加速，還能存取音效設備。對於音效卡的相容性問題，可以使用 Direct Sound 技術加以解決。

在傳統觀念裡，音效播放只局限於檔本身或是播放程式，然而 DirectSound 的一個音效播放區可分為數個物件成員，我們僅介紹幾個較為具體的成員，它們分別是：音效卡(Direct Sound)、2D 緩衝區(Direct Sound Buffer)、3D 緩衝區(DirectSound 3D Buffer) 與 3D 空間傾聽者(DirectSound 3D Listener)。要播放音效的話，電腦上必須安裝音效卡，DirectSound 會將音效卡當作一個設備物件，一個物件負責處理一組音效運算。音效卡物件等於是一個功能豐富的音效卡，即使音效卡上沒有硬體功能（如音效合成器），音效卡物件也可以自行模擬。

玩家的電腦上通常應該安裝一張音效卡，所以在使用 DirectSound 時只會使用一個音效卡設備物件，而在多工作業系統中，會使用到音效卡的程式並不只有遊戲本身，在只有一張音效卡的情況下，使用者必須親自處理音效卡與其他程式的共用協調問題，不過在使用 Direct Sound 時就無需擔心這個問題，它會自行處理音效卡的共用協調問題。

音效檔原本是放置在硬碟或光碟中，要播放時必須先把音效檔載入到記憶體，記憶體的位置 可能是在音效卡上，也可能是在主記憶體中，至於 是應該使用音效卡上的記憶體還是主記憶體的記憶體，Direct Sound 會自行判斷，如果硬體內置有記憶體，Direct Sound 則會儘量使用它來建立緩衝區。Direct Sound 除了提供基本的 2D 音效之外，還 提供模擬功能的 3D 音效。3D 緩衝區即用來存放 3D 音效檔，Direct Sound 將音效卡物件產生實體為 一個實體的音效卡，而 2D 緩衝區與 3D 緩衝區則 產生實體為這個音效卡上所提供的2D 音效晶片與 3D 音效晶片。

對於 3D 音效而言，聽眾的位置不同，聽到的音效感覺就不同（圖 3-2-2）。舉例來說，音源播放的方向如果在傾聽者的前方或後方時，傾聽者所聽到的聲音方向或音量大小感覺就不相同。在過去運用 3D 音效往往必須使用多聲道喇叭或支援多聲道輸出的音效卡，然而 Direct Sound 將傾聽者也產生實體為一個物件，透過設置 3D 傾 聽者物件的位置資訊，玩家只要使用耳機或一般 的喇叭，就可以體驗到3D 音效的效果，而程式 設計本身並不需要使用複雜的計算公式或演算法。（圖 3-2-2）

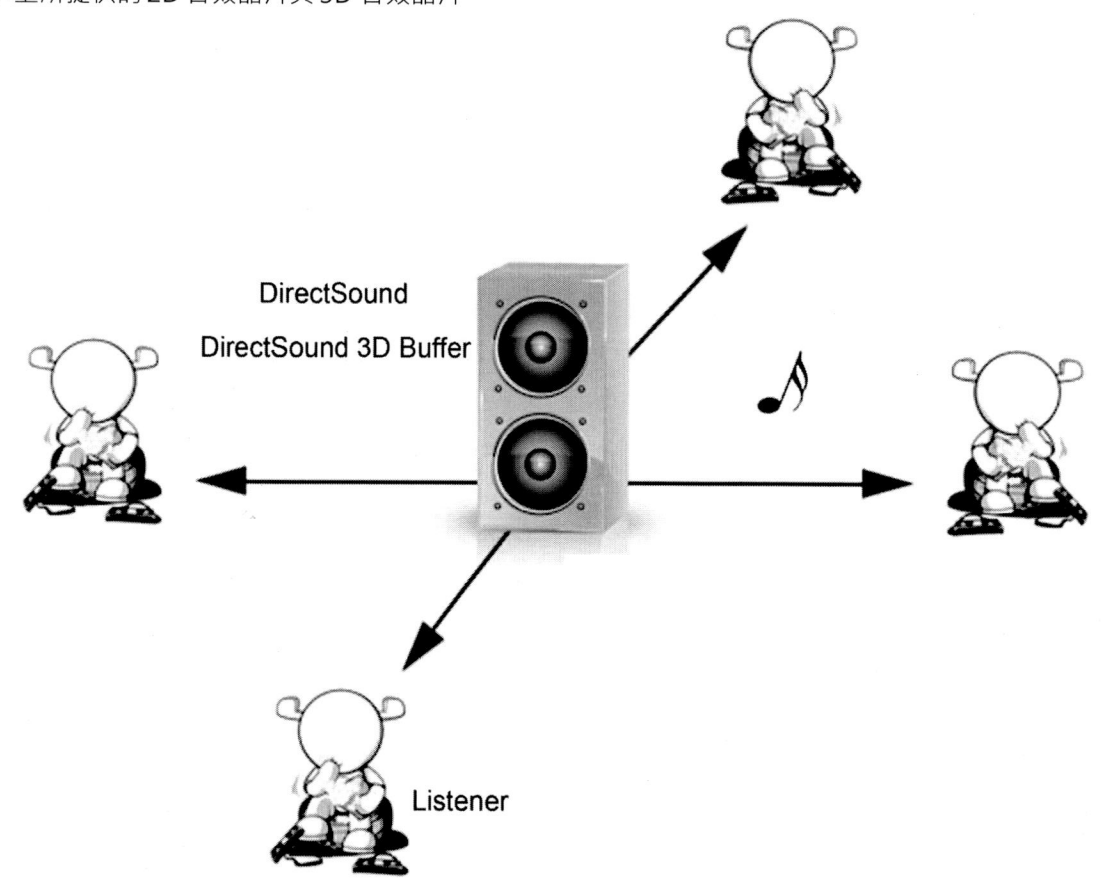

圖 3-2-2 DirectSound 3D Listener 的具體示意圖

第三節 C/C++ 程式語言

C 語言問世至今已有 30 多年，早期的遊戲在編寫時大多以 C 語言搭配組合語言來實現。C 語言是一個面向過程的程式設計語言，側重程式設計的邏輯、結構化的語法。C++ 則以 C 語言為基礎，它改進了一些輸入輸出方法，並加入了物件導向的概念，如果要開發中大型遊戲的話，建議多使用 C/C++ 來編寫程式。

C/C++ 是所有程式設計人員公認的功能強大的程式設計語言，也是運行速度較快的一種語言。雖然 C/C++ 很強大，但使用上較為複雜（對於初學者而言可能是相當複雜），若在設計程式時有不謹慎之處便可能導致遊戲運行錯誤，甚至發生程式終止或死機的情況。使用 C/C++ 所開發的程式，在測試及調試方面所花費的成本有時並不比開發程式少。

一、執行平台

C/C++ 屬於高級程式設計語言，它們的語法更貼近人們的使用習慣，所以程式設計人員能以人類思考的方式來編寫程式。其語法包括 if、else、for、while 等語句，以下是一小段 C 語言程式，讀者可以初步瞭解它的編寫方式。

```
#include<viod.h>
int   main ( void )
{
int    int_num ;
printf （ "請輸入一個數字：" ） ;
scanf （ "%d" , &int_num ） ;
if  （  int_num%2）
puts （ "您輸入了一個奇數。" ） ;
else puts （ "您輸入了一個偶數。" ） ;
return  0;
}
```

即使沒有學過 C 語言，從這段程式表面的語意來看，讀者也大致可以知道該程式的作用。然而電腦並不懂得 C/C++ 語言所編寫的程式，所以這個程式必須經過"編譯器"（ Compiler ）的編譯，再將這些語句翻譯為電腦能夠看懂的機器語言。

編譯器經過幾個編譯流程後可將來源程式轉換為機器可讀的可執行檔，編譯後，會產生"目標代碼"（.obj）和"可執行程式"（.exe）兩個文件。來源程式每修改一次，可執行檔就必須重新編譯。

機器語言是由 0 與 1 交互組成的一種語言，在不同作業系統上，對機器語言的定義也不相同。加上 C/C++ 本身所提供的標準函式程式庫有限，往往必須調用系統提供的一些功能，因此使用 C/C++ 撰寫的程式，無法將其直接移植到其他系統上，必須重新編譯，並修改一些無法運行的代碼。也就是說，使用 C/C++ 編寫的一些程式，通常只能在單一平台上運行。不過由 C/C++ 所編寫的程式有利於調用系統所提供的功能，這是由於早期的一些作業系統本身就多以 C/C++ 來編寫，因此在調用系統功能或元件時最為方便，例如，調用 Windows API(Application Programming Interface)、DirectX 等。

二、語言特徵

C/C++ 的功能強大，其"指針"（ Pointer ）功能可以讓程式設計人員直接處理記憶體中的資料，也可以利用指標來達到動態規劃的目的，如記憶體的配置管理、動態函數的執行。在需要規劃資料結構時，C 語言的表現最為出色，在早期記憶體的容量不大時，每一個位的使用都必須珍惜，而 C 語言的指標就可提供這方面的功能。（圖 3-3-1）

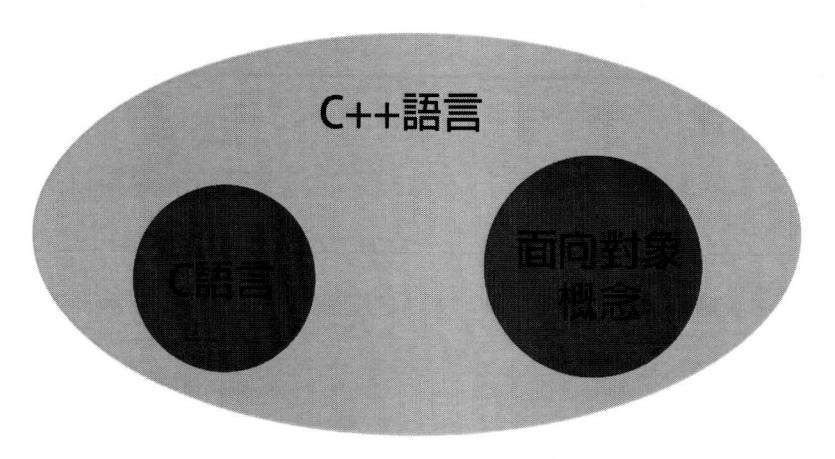

圖 3-3-1　C++ 語言是在 C 語言的基礎上加入了物件導向的概念

C++ 以 C 語言為基礎，改進了一些輸入與輸出上容易發生錯誤的地方，保留指標功能與既有的語法，並導入了物件導向的概念。面向物件在後來的程式設計領域甚至其他領域都變得相當重要，它將現實生活中實體的人、事、物，在程式中以具體的物件來表達，這使得程式能夠處理更複雜的行為模式。另一方面，面向對象的程式設計在適當的規劃下，能夠在編寫完成的程式基礎上，開發出功能更複雜的元件，這使得 C++ 在大型程式的開發上極為有利，目前市場上所看到的大型遊戲許多是以 C++ 程式語言來進行開發的。

此外，由於 C/C++ 設計出來的程式已編譯為電腦可理解的機器語言，所以在運行時可直接載入記憶體，而無需經過中間的轉換動作，這就是為什麼利用 C/C++ 編寫出來的程式，在速度上會有較優良的表現。為了追求更高的運行速度，尤其是在處理一些底層的圖像繪圖時，往往還可搭配組合語言來編寫一些基礎程式。

三、開發環境介紹

C/C++ 語言的整合式開發環境相當多，商業軟體方面有微軟的 Visual C++、Borland 的 C++ Builder, 非商務軟體方面有 Dev C++ 程序（圖 3-3-2）、KDevelop 等，以上這些都可以用來編寫 C 或 C++。通常商務軟體提供的功能更多，使用更方便，在程式寫完後的測試與調試方面也更為完善。

早期開發中大型遊戲時多使用 Visual C++（以下簡稱 VC++），在早期使用 VC++ 所提供的元件算是很方便的，至少不用從頭編寫這些元件代碼。當然在使用這些元件時還是有很多要處理的細節。其他的整合式開發環境，例如，C++ Builder，雖然在運行速度上快了許多，但使用較複雜，常用作一些遊戲設計時的輔助，如設計地圖編輯器等。由於本身都是使用 C++ 語言撰寫，因此在元件的溝通功能上並不會發生問題。

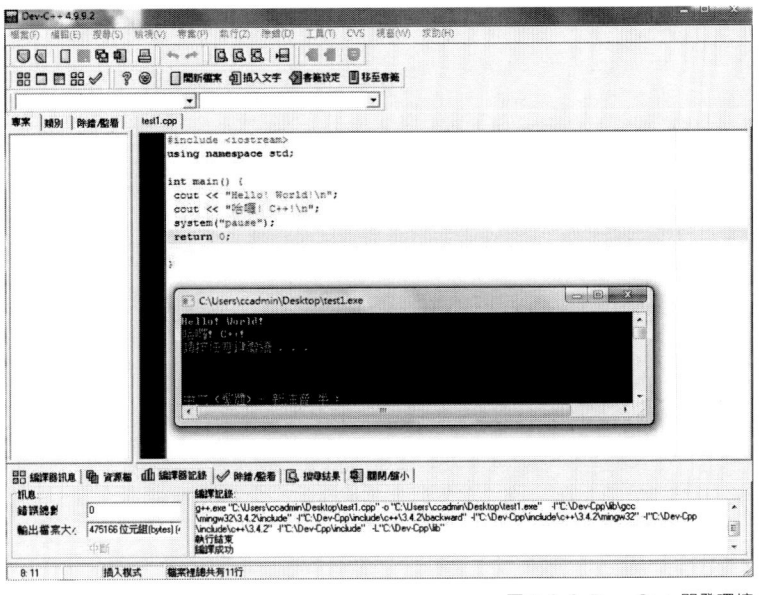

圖 3-3-2 Dev C++ 開發環境

第四節 Visual C++ 與遊戲設計

一款電玩遊戲由於其程式碼中有大量的聲音、圖像資料的運算處理，因此要求程式運行流暢是相當重要的一個基本訴求。為了滿足這項要求，一般大型商業遊戲軟體大多採用 VC++ 工具搭配 Windows API 程式架構來編寫，以提升遊戲運行時的性能。

VC++ 是微軟公司所開發的一套適用於C/C++ 語法的程式開發工具。在 VC++ 的開發環境中，編寫 Windows 作業系統平台的視窗程式有兩種不同的程式架構：一種是微軟在 VC++ 中所加入的 MFC (Microsoft Foundation Class Library) 架構，另一種則是 Windows API 架構。使用 Windows API 來開發上述的應用程式並不容易，但用在設計遊戲程式上相當簡單，且具有較優異的運行性能。

MFC 是一個龐大的類庫，其中提供了完整開發視窗程式所需的物件類別與函數，常用於設計一般的應用程式。Windows API 是 Windows 作業系統所提供的動態連結函式程式庫（通常以 .DLL 的檔案格式存在於 Windows 系統中），它包含了 Windows 內核及所有應用程式所需要的功能。

如果讀者使用 Visual Basic (以下簡稱 VB) 寫過視窗程式的話，就應該清楚在 VB 程式中若要調用 Windows API 的函數必須先進行聲明。若是在 VC++ 的開發環境下，無論是採用 MFC 架構或者是 Windows API，只要在項目中設置好所要連結的函式程式庫並引用正確的標頭檔即可，此時在程式中使用 Windows API 的函數就跟使用 C/C++ 標準函式程式庫一樣容易。

Java 程式設計語言以 C++ 的語法關鍵字為基礎，由 Sun 公司所提出。其計畫一度面臨停止的危險，後來卻因為網際網路的興起，使 Java 頓時成為當紅的程式設計語言，這說明 Java 程式 在網際網路平台上擁有極高的優勢，它具有跨平台 的優點，所以 Java 非常適合用於進行遊戲製作。 而事實上也早有一些書籍專門介紹 Java 如何用 在遊戲設計上。（圖 3-4-1）

一、執行平台

Java 程式具有跨平台能力。所謂的跨平台，指的是 Java 程式可以在不重新編譯的情況下，直接在不同的作業系統上運行。它可以跨平台運行的原因在於 "位元組碼"（Byte Code）與 "Java 運行時環境"（Java Runtime Environment）的配合。

Java 程式編寫完成後，第一次使用編譯器編譯程式，它會產生一個與平台無關的位元組碼檔（副檔名 *.class，位元組碼是一種貼近於機器語言的編碼），這個檔若要在載入記憶體中運行，則電腦上必須具備 Java 運行環境，Java 的運行環境與平台有關，它會根據該平台對位元組碼進行第二次編譯，將其處理成該平台上可理解的機器語言，並載入到記憶體中加以運行。（圖 3-4-2）

Java 運行環境是建構於作業系統上的一個虛擬機器，程式設計人員只要針對這個運行環境進行程式設計，至於運行環境如何與作業系統溝通則是程式設計人員無需理會的。程式設計人員只要利用 Java 提供的類庫與 API，避免使用協力廠商廠商提供的其他元件和作業系統程式， 設計出來的程式基本上就可以達到跨平台的目的。（圖 3-4-3）

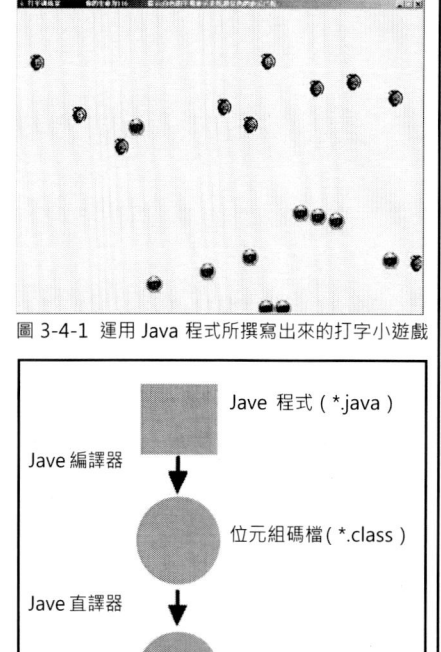

圖 3-4-1 運用 Java 程式所撰寫出來的打字小遊戲

圖 3-4-2 Java 程式的執行流程

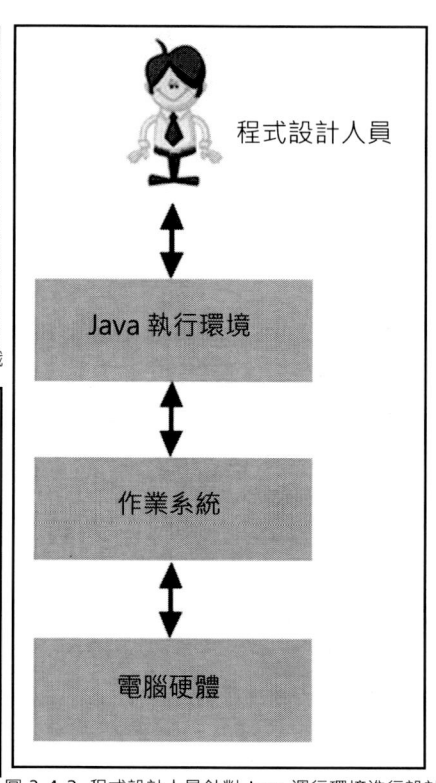

圖 3-4-3 程式設計人員針對 Java 運行環境進行設計

Java 程式若應用在遊戲上可以有兩種展現方式，一種是運用視窗應用程式，另一種是將 Applet 置入網頁中。這兩種展現方式的實質是相同的，因為 Applet 程式基本上也屬於視窗應用程式，我們前面看到的 Java 程式執行圖片，使用的就是 Applet 方式。當然，我們也可以利用純視窗的形式來展現。（圖 3-4-4）

由於Java程式可以利用Applet的形式置入網頁之中，使用者流覽到使用 Java Applet 程式的網頁時，會將Applet 檔下載，然後由流覽器啟動Java 虛擬機器運行Java 程式， 所以我們可以稱 Java 程式是以網路來作為它的運

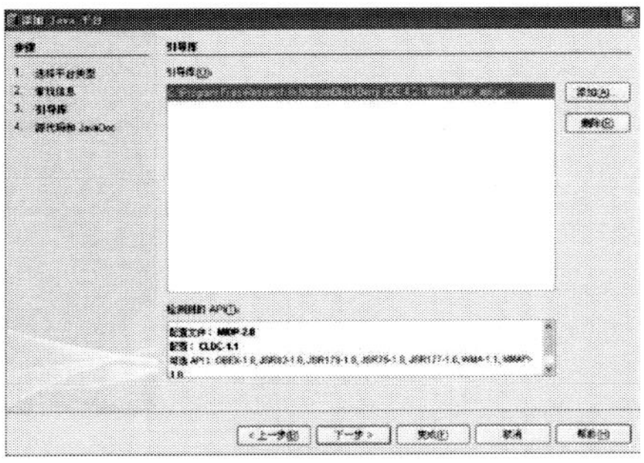

圖 3-4-4 一個 Java 視窗程式

二、語言特徵

Java 程式以 C++ 語言的關聯詞和語法為基礎，目的在於使 C/C++ 的程式設計人員快速入手 Java 程式語言，而 Java 也過濾了 C++ 中一些容易犯錯或忽略的功能，如指針的運用，它採用"垃圾收集"（Garbage Collector）機制來管理無用的物件資源，這使得從 C/C++ 入手 Java 程式變得極為容易，且編寫出來的程式更為安全，不易發生錯誤。以下是一段 Java 程式碼。

```
public static void main (String args [ ])
{
    ex1103 frm = new ex1103 ( ) ;
}
private void check ( )
{
    for ( int i = 0; i < p.length; i++ )
    {
        if ( p [ i ] .px < 0 || p [ i ] .px > 400 )
            p [ i ] .dx = -p [ i ] .dx ;
        if ( p [ i ] .py < 10 || p [ i ] .py > 300 )
            p [ i ] .dy = -p [ i ] .dy;
    }
}
```

用戶如果沒有仔細觀察一些細小地方，表面上確實與 C/C++ 語法一模一樣，其實，Java 與 C/C++ 在語法上最大的不同點在於 Java 程式完全以物件導向為中心，編寫 Java 程式的第一步就是定義類（class），若不是考慮運行速度，Java 程式非常適合大中型程式的開發。

三、Java 與遊戲設計

速度永遠是運行遊戲時的重要考慮因素，這也是對 Java 程式最不利的地方。Java 程式設計人員對 Java 程序運行速度的普遍評價跟 VB 一樣，那就是"慢"。Java 程式在運行前必須經過二次編譯方可使用，且只有在 Java 程式需要使用到某些類庫功能時才載入相關的類別。雖然這樣做節省了資源，但動態載入卻增加了運行速度的負擔。

在歷經數個版本的改進與多次功能增強之後，Java 程式在繪圖、網路、多媒體等各方面都提供了大量的 API 程式庫，甚至包括 3D 領域。所以使用 Java 程式來設計遊戲可以獲得更多的資源，並且 Java 程式可以使用 Applet 來展現出不同的特性，使其有更大的發揮空間。

利用 Java 設計遊戲的整合式開發環境相當多，如商務軟體 Visual J++ Builder，非商務軟體 Forte、NetBeans 等。目前 Java 應用於大中型遊戲的例子還不多，所以整合式開發環境對遊戲設計的影響不大。（圖 3-4-5）

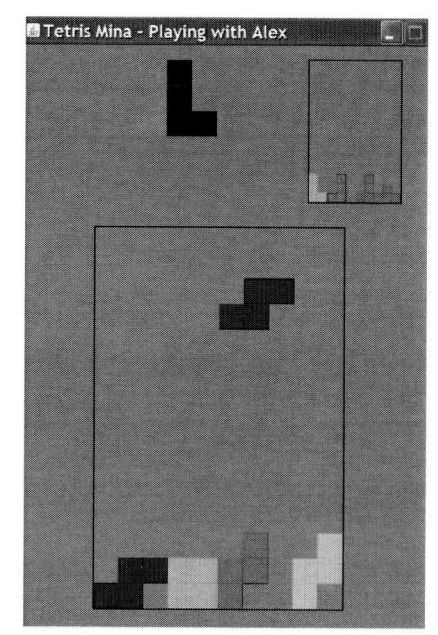

圖 3-4-5 Java 遊戲《俄羅斯方塊》

思考與練習

1. 簡述 OpenGL 的運作原理。
2. DirectSound 的組件作用是什麼？
3. 簡要說明 C/C++ 語言的開發環境。
4. 簡述 Java 的遊戲設計特點。

第四章
遊戲設計與製作

第一節 遊戲設計的製作過程

　　一款遊戲從立項到製作需要經過哪些步驟呢？這是很多遊戲設計製作者感興趣的。但是要學習遊戲設計，獨立製作一款大型遊戲，那是不太現實的，最好是選擇一款自己感興趣的去學習，以後在遊戲公司可以慢慢地接觸其他方面。因為想在遊戲行業發展，不僅需要專業精通，還需要對整個過程都有所瞭解。筆者在這裡就簡單地闡述一下，希望對於喜歡遊戲設計專業的人員有些幫助。

一、引擎設計

　　當一款遊戲設計的開發工作正式開始的時候，首先要解決的問題就是引擎。引擎的開發往往是由遊戲設計人員協助程式設置人員完成的。在這裡要明確一點，遊戲設計的好壞跟引擎有很大的關係，所以引擎設計得是否合理就從某個程度上反映了遊戲設計的水準。而引擎設計應從以下幾點出發。

1. 功能分類

　　任何一款遊戲都有許多功能，如攻擊、使用物品、施放魔法、移動、鍵盤輸入、更換裝備等。而這些全部需要用引擎來實現。所以，在進行遊戲設計的時候就有必要考慮將功能進行分類和簡化，並且將某些功能的實現看成是另外幾個功能同時作用時的結果。從最基礎的功能開始設計，不斷地利用已完成的功能去實現新的功能，而其他功能的實現只需要調用一下這些功能的結果就可以了。

2. 物品清單

　　物品清單本來是應該脫離引擎存在的，它可以透過腳本去實現。但這裡所說的物品是遊戲世界的最基本的元素。

3. 地圖編輯器

　　地圖編輯器最好也包含在引擎當中。其目的不是為了滿足玩家的需求，而是為了能夠反覆利用引擎去開發不同遊戲。還記得我們已經有了一些原始的資源嗎？那就拿來創造世界吧！當然，我們手頭有的資源太少了，地圖編輯器還需要更多的資源，如怪物、寶物、地形等。

4. 後門

　　遊戲引擎應該為管理人員提供一個後門。它不僅能夠提供一個不經過編譯而直接修改遊戲內容的方法，而且也為今後的測試提供了極大的方便。到了這裡，遊戲設計的工作基本上就差不多了。當然不要以為引擎的開發是這樣的簡單，大量的工作還是由程式人員完成的。我們只是給遊戲設計程式人員提供一個導向，或者說是標準。制訂這個標準的目的是為了今後開發的方便，而不是為了跟遊戲設計程式師找彆扭。所以在這方面還是多聽些程式師的意見比較好。

二、遊戲規則

　　遊戲之所以公平，就是因為遊戲對每位玩家所採用的規則都是相同的。所以優秀的遊戲設計必定有優秀的規則，無論你要設計的遊戲是什麼，先把最為主要的規則定下來。

1. 勝負判定

　　不要認為勝負判定非常容易，其實遊戲只要複雜一點，那麼勝負的判定就會變得很困難。比如，當一個炸彈同時炸死自己和僅剩的一個敵人的時候如何判定勝負？或者當雙方積分相同的時候如何判定勝負？當然，最簡單的辦法就是和局。所以首先要對勝負（和）進行判定。

2. 隨機事件

在遊戲中常常會出現隨機事件，這使遊戲變得非常有趣。當隨機事件發生的時候上帝都在祈禱。如何充分地利用隨機事件來讓玩家體會到更多的樂趣，的確需要好好考慮。當然，根據不同的遊戲還應該有更多的表達方式，這裡無法一一列舉出來探討。

三、劇情

有些遊戲有劇情，比如說RPG。而遊戲劇情的設計往往是遊戲愛好者和遊戲設計者的看家本領，建議注意以下幾點。

1. 長度

庸冗繁瑣的劇情是玩家們最討厭的。所以在無法保證劇情品質的時候還是先考慮保證數量上的簡潔，最起碼不會被罵作"裹腳布"。

2. 結局

相信很多玩家都喜歡多結局RPG，有悲劇結局也有喜劇結局，還有惡搞結局。所以遊戲設計者在結局處理上可以比在故事情節上多下些功夫。其實無厘頭的結局也不失為一個選擇。

3. 支線劇情

有的玩家不喜歡支線劇情，有些玩家十分喜歡支線劇情遊戲。其實這實在沒什麼好爭論的，遊戲設計的時候可以完全兼顧。現在一款簡單的遊戲基本上就有個輪廓了，但是我們還可以豐富它，讓它成為賺錢的利器。

4. 法術、物品、屬性

（1）法術

法術不要太多，要有針對性。不要將遊戲做成NWN那樣。每個人都可以從不同角度給NWN做出很高的評價，但真正窩在家整天玩的不是NWN，而是TFT。

（2）物品

"終極裝備""黃金寶劍""暗金套裝""超級極品"，你的遊戲需要這些嗎？為什麼不呢？一切有利於賺錢的都值得考慮。

（3）屬性

《星際爭霸》和TFT是當今最火的遊戲中極耀眼的兩個，值得稱讚的地方太多了。但是大家應該注意到一點，那就是屬性的修改是每個版本必須做的工作。因此我們在遊戲設計的時候也要著重考慮這個環節，這不僅可以讓遊戲設計變得趨於完美，更主要的是可以獲得很多免費的評論和宣傳，也會招來很多新的玩家。

四、其他

需要提的太多了，像"怪物""BOSS""迷宮"等這些具體的問題可以根據具體的遊戲來確定。有一點是不變的，那就是遊戲要用來取得經濟效益，這是遊戲開發商的最本質目的。

五、介面與操作

不是打開電腦就會直接進入遊戲程式，當雙擊一個應用程式圖示之後，才進入到遊戲的主界面，接下來玩家才可以根據主介面中的各種遊戲按鈕來選擇操作。

1. 介面

介面的設計力圖簡潔、明瞭，能夠讓玩家一眼找到遊戲中的重要按鈕，新的遊戲(New Game)、保存（Save）、載入（Load），當然最為重要的就是要在明顯的地方放上退出（Quit）。F1鍵（遊戲資訊）一定要設計，但不要有過多的文字，沒有幾個玩家願意花十幾分鐘去看裡面的資訊。更不能讓玩家去找按鈕，應該直接用箭頭指出，提示給玩家。有些按鈕或狀態欄隱藏在深一些的功能表中，玩家不容易找到，一定要有演示動畫指明地方。要知道玩家停留在說明資訊中的時候越長越容易放棄一款遊戲。

2. 操作

最好採用通用的操作，比如說滑鼠左鍵是選取，右鍵是放棄。關閉按鈕在視窗右上方或視窗底部明顯的位置。滑鼠移動最好是左鍵走，右鍵跑。鍵盤操作最好是W、S、A、D或↑、↓、←、→。遊戲設計師應該尊重玩家的操作習慣，這樣容易博得玩家的認同感。還有，熱鍵和自定義鍵位功能應該是為那些高級玩家準備的。這些東西不必要告訴新手，也沒必要在ＨＥＬＰ資訊裡明顯顯示，讓玩家自己慢慢地去摸索就好了。到這裡基本上一款遊戲設計工作就接近尾聲了。

第二節 遊戲設計與電腦

一、二維遊戲設計軟體

1.FlipBook

FlipBook是一個非常優秀的二維動畫製作軟件。它可以在攝像機下掃描或是拍攝動畫師的制圖。當開始播放鏡頭的時候，動畫師也可以透過輸出率表編輯時間和改變播放鏡頭。動畫師還可以在輸到視頻或是置入網上之前上色，並可以為每一個角色或每一個動畫做一個調色板，可選擇的顏色共有1600種。如果選擇新的顏色，這個軟體也會自動重新給整個鏡頭上色。在限制動作的鏡頭裡，這個軟體將會自動為每一幀上色並使之與第一幀相匹配，這就節省了動畫師用手給每一幀上色的時間。（圖4-2-1）

2.Toon Boom Studio

動畫設計軟體，也是當前Flash MX唯一直接支持的專業動畫平台，其製作優點難以盡數。廣泛的系統支援，可用於所有Windows系統及Mac蘋果系統；唯一具有唇型對位功能；引入鏡頭觀念，可控制大型動畫場面；具有靈活的繪畫手感。Toon Boom Studio軟體還自帶了鏡頭、燈光、場景、3D等功能，能夠快速導入圖片、聲音、動畫檔，完成後能夠將所有制作的動畫匯出為SWF格式(Flash軟體的專用格式)，方便動畫師觀看和修改動畫。（圖4-2-2）

3.Animo

Animo是英國Cambridge Animation公司開發的運行於SGI O2工作站和Windows NT平台上的二維卡通動畫製作系統，它是世界上最受歡迎、使用最廣泛的系統，世界上大約有220多個工作室所使用的Animo系統，其數量超過了1200套。眾所周知的動畫片《空中大灌籃》《小倩》《埃及王子》等都是應用Animo系統的成功典例。它具有面向動畫師設計的工作介面，掃描後的畫稿保持了藝術家原始的線條，它的快速上色工具提供了自動上色和自動線條封閉功能，並和色彩模型編輯器集成在一起，提供了不受數目限制的顏色和調色板，一個色彩模型可設置多個"色指定"。它具有多種特技效果處理功能，包括燈光、陰影、照相機鏡頭的推拉、背景虛化、水波等，並可與二維、三維和實拍鏡頭進行合成。它所提供的視覺化場景圖能夠讓動畫師只用幾個簡單的步驟就可完成複雜的操作，工作效率和速度倍增。（圖4-2-3）

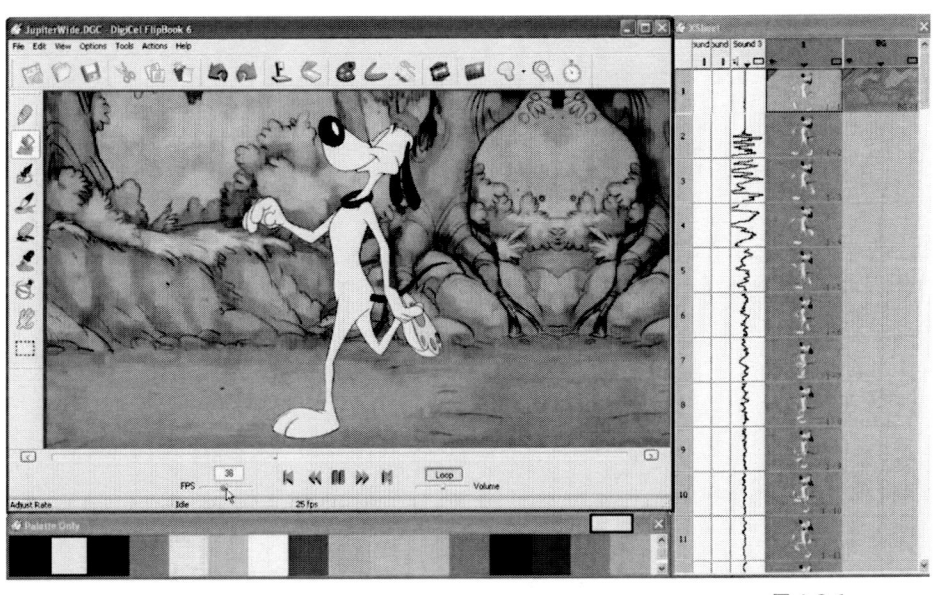

圖 4-2-1

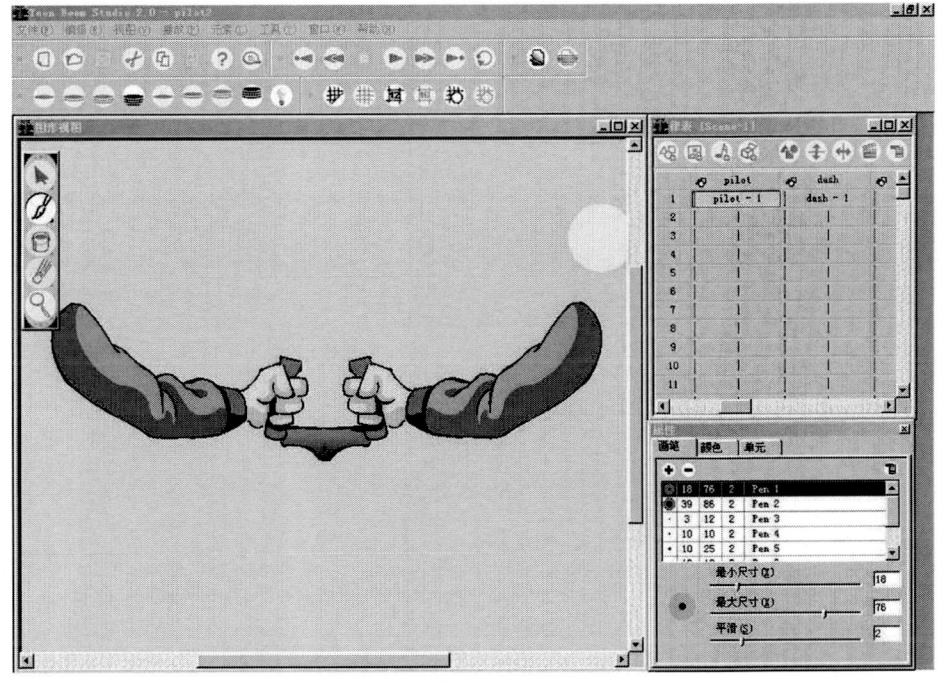

圖 4-2-2 Toon Boom

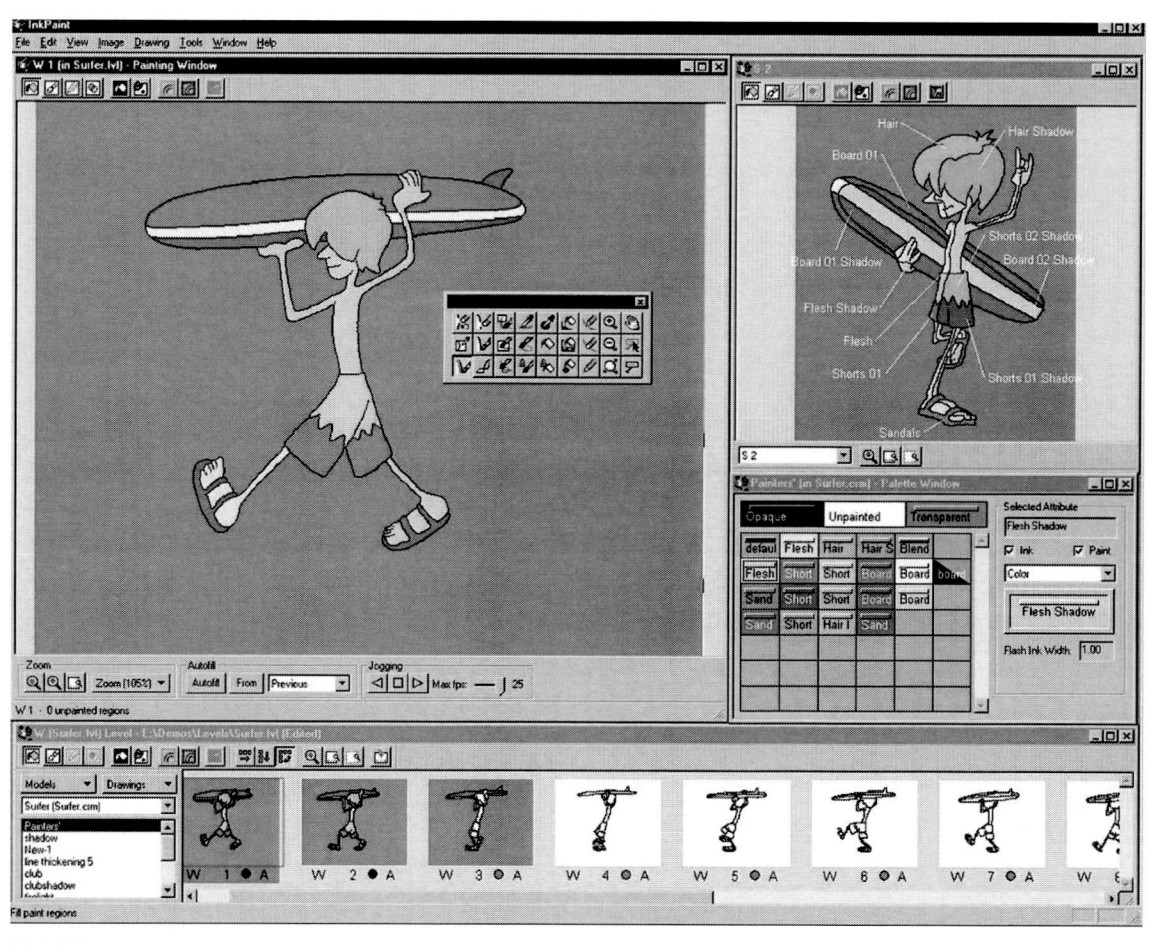

圖 4-2-3

二、三維遊戲設計軟體

1.3D Studio Max

3D Studio Max，常簡稱為 3Ds Max 或 MAX（圖 4-2-4），是 Discreet 公司開發的（後被 Autodesk 公司合併）基於 PC 系統的三維動畫渲染和製作軟體。其前身是基於 DOS 作業系統的 3D Studio 系列軟體。在 Windows NT 出現以前，工業級的 CG 製作被 SGI 圖形工作站所壟斷。3D Studio Max + Windows NT 組合的出現一下子降低了 CG 製作的門檻，並首先運用在電腦遊戲中的動畫製作中，進而又參與影視片的特效製作，如《X戰警2》《最後的武士》等。在 Discreet 3Ds Max 7 後，正式更名為 Autodesk 3Ds Max，最新版本是 Autodesk 3Ds Max 2014。

2.Autodesk Maya

Autodesk Maya（圖 4-2-5）是美國 Autodesk 公司出品的世界頂級的三維動畫軟體，應用物件是專業的影視廣告、角色動畫、電影特技等。Maya 軟體功能完善，工作靈活，易學易用，製作效率極高，渲染真實感極強，是電影級別的高端製作軟體。

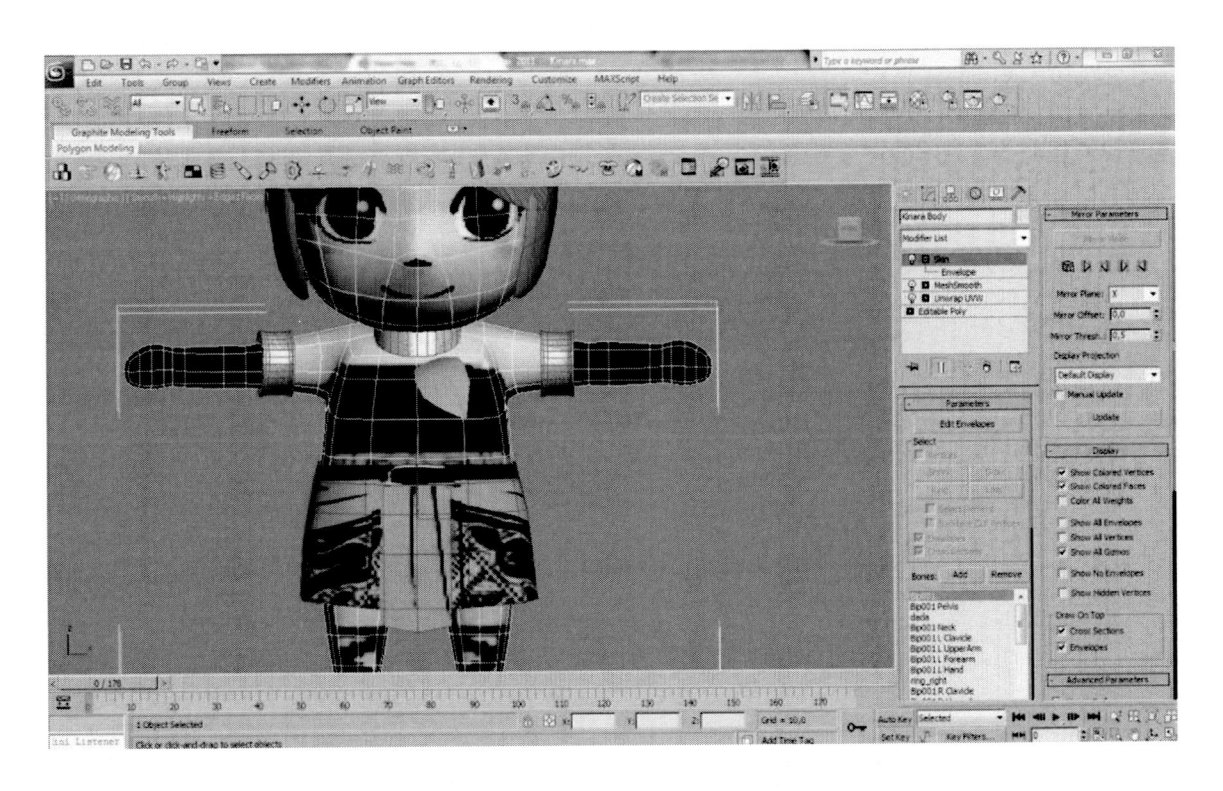

圖 4-2-4 3D Studio Max

Maya 軟體售價高昂，聲名顯赫，是製作者夢寐以求的製作工具。掌握了 Maya，會極大地提高製作效率和品質，調製出模擬的角色動畫，渲染出電影一般的真實效果，讓製作者向世界頂級動畫師邁進。

Maya 集成了 Alias Wavefront 最先進的動畫及數位效果技術。它不僅具有一般三維和視覺效果製作的功能，而且還與最先進的建模、數位化布料類比、毛髮渲染、運動匹配等技術相結合，並且 Maya 可在 Windows NT 與 SGI IRIX 作業系統上運行。在目前市場上用來進行數位和三維製作的工具中，Maya 是首選的軟體。

很多三維設計人應用 Maya 軟體，因為它可以提供完美的 3D 建模、動畫、特效和高效的渲染功能。另外 Maya 也被廣泛地應用到了平面設計（二維設計）領域。Maya 軟體的強大功能正是那些設計師、廣告商、影視製片人、遊戲開發者、視覺藝術設計專家、網站開發人員們極為推崇的原因。Maya 將他們的標準提升到了更高的層次。

3.3Ds Max 和 Maya 的區別

Maya 是高端 3D 軟體，3Ds Max 是中端軟體，易學易用，但在遇到一些高級要求時（如角色動 畫/運動學模擬，3Ds Max 遠不如 Maya 強大。

３Ｄ遊戲就是三維遊戲，３Ｄ中的Ｄ是 Dimensional(維)的縮寫。三維遊戲中點的位置由三個座標決定。客觀存在的現實空間就是三維空間，具有長、寬、高三種度量。三維遊戲（3D 遊戲）是相對於二維遊戲（2D 遊戲）而言的，因其採用了立體空間的概念，所以更顯真實。3D 遊戲對空間操作的隨意性較強，也更容易吸引人。3D 遊戲的視角可以隨意變動，具有較強的視覺衝擊力。

圖 4-2-5 Autodesk Maya

次時代，即下一個時代，未來的時代。現在常說的次時代科技，即指還未廣泛應用的先進技術。目前對次時代一詞運用最多的領域是家用遊戲機上的遊戲和最新的網路遊戲。常說的次時代遊戲指的是還未發售，或者發售不久，在性能上比現在主流的遊戲更卓越的遊戲，主要是體現在畫面上。

現在隨著次時代遊戲的進步，次時代高清遊戲相對於上個時代的遊戲有很大的變化，主要是提升了畫面的各種效果，如設計資源上，更多面數的模型，更大解析度的貼圖，更耗資源的特效。

次時代的核心技術是"法線貼圖"技術。法線貼圖是可以應用到 3D 模型表面的凹凸紋理的渲染方式，不同於以往的紋理只可以用於 2D 表面。作為凹凸紋理的擴展，它包括了每個圖元的高度值，內含許多細節的表面資訊，能夠在平淡無奇的物體上創建出許多種特殊的立體外形。你可以把法線貼圖想像成與原表面垂直的點，所有點組成另一個不同的表面。對於視覺效果而言，它的效率比原有的表面更高，若在特定位置上應用光源，它可以生成精確的光照方向和反射。法線貼圖多用在 CG 動畫的渲染以及遊戲畫面的制作上，將具有高細節的模型透過烘焙渲染出法線貼圖，貼在低端模型的法線貼圖通道上，使之擁有法線貼圖的渲染效果，這樣也可以大大降低渲染時需要的面數和計算內容，從而達到優化動畫渲染和遊戲渲染的效果。法線貼圖是一種顯示三維模型更多細節的重要方法，它解決了模型表面 因為燈光而產生的細節。這是一種二維的效果，所以它不會改變模型的形狀，但是它計算了輪廓線以內極大的額外細節。在處理能力受限的情況下，這對即時遊戲引擎是非常有用的，另外，當渲染動畫受到時間限制時，它也是極其有效的解決辦法。

思考與練習

1. 請簡要說明二維遊戲設計軟體 Toon Boom Studio 的特點。
2. 簡述 Autodesk Maya 有哪些功能。
3. 簡述 3Ds Max 和 Maya 的區別。

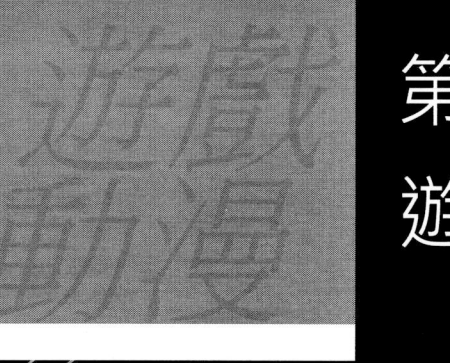

第五章
遊戲編輯工具軟體

多元化的遊戲編輯工具軟體可以協助遊戲開發人員進行資料的編輯與相關屬性的設置，也便於日後錯誤資料的修改或刪除工作。在遊戲開發過程中，常需要一些實用的工具程式來簡化或加速遊戲團隊成員的開發流程，這些工具也是為了遊戲中的某一些功能而開發的，如地圖編輯器、劇情編輯器等。例如，當遊戲開發團隊考慮到遊戲整體的流暢度時，或者在建構 3D 場景時，經常會因為沒有提供實用與相容的編輯工具軟體而造成團隊間包括企劃人員、程式人員和美術人員間工作的互相牽制，因而延誤了遊戲製作的進程。

第一節 遊戲地圖的製作

當然，在一套大型遊戲的開發過程中，美工人員不可能將每張大型圖片都畫出來以供程式使用，他們通常是利用單一元件的表現方式來顯示全場景的外觀。例如，我們將一個石柱的圖片組件設置於場景中（圖 5-1-1），然後利用相同的手法將這個石柱複製成兩個（圖 5-1-2），如果需要更多，我們可以以此類推，繼續複製。

圖 5-1-1 將一個石柱的圖片元件設置於場景中

圖 5-1-2 將一個石柱複製成兩個

一、地圖編輯器功能

在遊戲製作過程中，無論是 2D 或 3D 遊戲，都需要使用編輯器來製作場景地圖。編輯器是策劃人員遊戲中所需要的，將場景元素告訴程式設計師與美工人員，然後程式設計師利用美工人員所繪製出的圖像來編寫一套遊戲場景的應用程序，最後把這個程式提供給策劃人員用來編制游戲場景。

無論哪一類型的遊戲，只要牽涉到場景的地圖部分，都可以利用這一原則來開發一套實用的地圖編輯器。製作實用的地圖編輯器的首要條件就是必須將地圖上的所有元素等比例繪製。例如，地圖中的人物為一個方格單位，樹為 6 個方格單位,房子為 15 個方格單位（圖 5-1-3）。這樣，製作出的人物與其他地圖上的物件就形成等比例的關係，如果按照上圖所示比例進行繪製，那麼人物、樹、房子的比例關係如下：

人物：樹=1：6
樹：房子=6：15
人物：樹：房子=1：6：15

以 3D 地圖編輯器為例，在地圖編輯器上，我們可以編輯 3D 圖形的地表、全景長寬、地形凹凸變化、地表材質、天空材質以及地形上所有的存在物件（如房子、物品、樹木、雜草等）。

二、屬性設置

遊戲中最難處理的部分就是遊戲場景。遊戲場景的設計要考慮到遊戲性能的提升（場景是消耗系統資源的最大因素）、未來場景的維護（方便美工人員改圖與換圖）等，這也是編寫地圖編輯器的主要目的。一套成熟的地圖編輯器，不僅可以幫助策劃人員編輯他心目中的理想場景，還可以作為美工人員修改圖像的依據。

圖 5-1-3　按比例繪製後的圖像

在地圖場景上，如果某個部分不符合策劃人員的想法，只要將場景中錯誤地方利用地圖編輯器修改一下即可，而無需美工人員重新繪製場景，因為修改大型場景對美工人員來說是一件相當辛苦的工作。如果場景的圖像不夠用，策劃人員還可以請美工人員再繪製其他小圖像來彌補場景的不足。小圖像畫出來之後，策劃人員只要給新增圖像設置代碼即可，這對於地圖的未來擴充性有相當大的幫助。（圖 5-1-4、圖 5-1-5）

在場景圖像中，我們也可以設置這些小圖像的特有屬性，如不可讓人物走動（牆壁）、可讓人物走動（草地）、讓人物中毒（沼澤）等，這些屬性都可以在地圖編輯器上設置，其屬性設置值如表 5-1-1 所示。

遊戲屬性值會直接影響人物的移動情況，例如，人物在石地地形上移動時，行動就會變得很緩慢，或者人物在經過沼澤地形時會導致失血等。這裡筆者只列出了幾項基本的屬性設置值。在一套成功的遊戲中，光是地圖屬性就可能有幾十種變化，而這些與現實相符的地圖屬性會讓玩家在遊戲中大呼過癮。

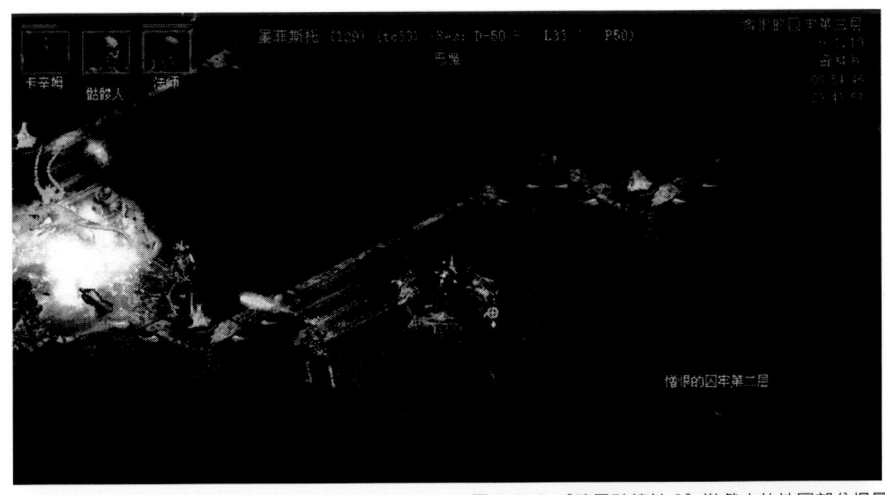

圖 5-1-4 《暗黑破壞神 2》遊戲中的地圖部分場景

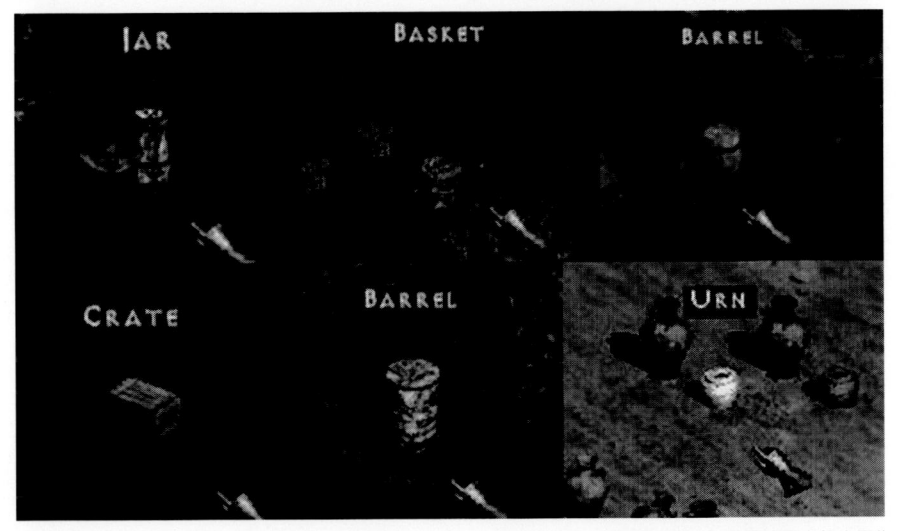

圖 5-1-5 《暗黑破壞神 2》遊戲地圖中的小圖像

表 5-1-1 場景圖像的特有屬性設置

元素	編號	長/寬	是否讓人物可經過該圖像（1/0）	是否會失血（1/0）	行動是否緩慢（1/10）
草地	1	16/16	1	0	0
沼澤	2	16/16	1	1	1
石地	3	16/16	1	0	1
高地	4	16/16	0	0	0
水窪	5	16/16	0	0	0

三、地圖陣列

當編寫遊戲主程序的時候，處理地圖上的場景貼圖是相當重要的。不過在遊戲進行中，主程序會進行大量的計算工作，如路徑查找。所以如果不想浪費系統資源，就必須在地圖場景上下功夫。例如：將地圖上的各種圖像編輯成一系列的數位類型陣列，並且提供給遊戲主程序來讀取。換句話說，我們用一種特殊的數位排列方式來表示地圖上圖像的位置。例如，我們用表 5-1-2 所示的幾個數位來表示地圖元素。

在地圖編輯器上，如果我們看到如圖 5-1-6 的地形，那麼遊戲中與其對應的地形就如圖 5-1-7 所示。

當使用者將地圖編輯的結果存儲起來後，就可以在檔裡將所有用到的圖像加以篩選，在遊戲主程序讀取地圖資料時，唯讀取需要的圖像就可以了。而地圖上的陣列又可以用來顯示畫面中應該顯示的圖像，這樣就可以減少系統資源的浪費。（圖 5-1-8）

表 5-1-2 地圖圖像的代表數位

圖像	代表數字
草地	1
沼澤	2
石頭	3
高地	4
水窪	5

1	3	1	1	1	3
1	4	1	2	1	1
3	1	2	1	1	1
2	1	1	1	4	4
1	2	5	5	2	1

圖 5-1-6 數位編輯的地形

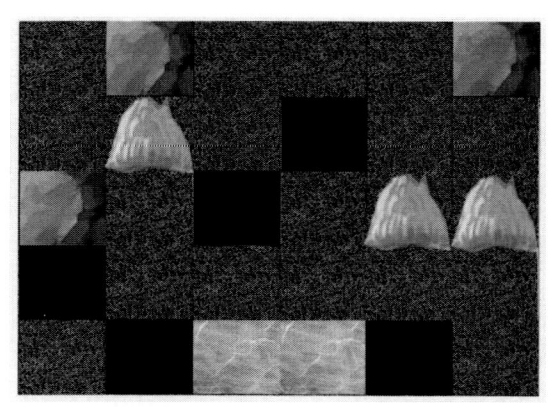

圖 5-1-7 將數位轉化為圖像

1	3	1	1	1	3
1	4	4	4	1	1
3	1	4	1	1	1
2	1	1	1	4	4
1	2	5	5	2	1

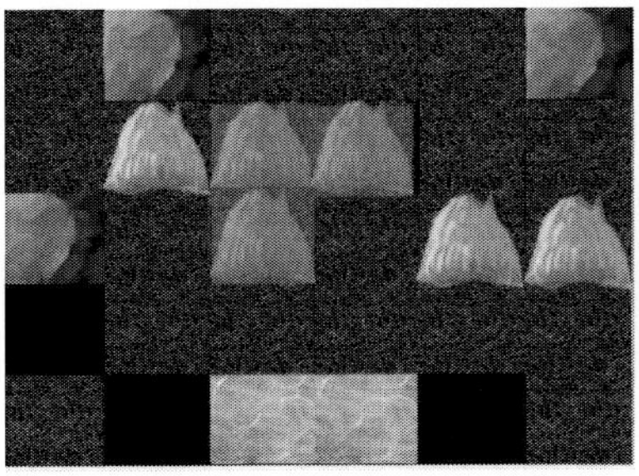

圖 5-1-8 數位轉化為相應的圖像

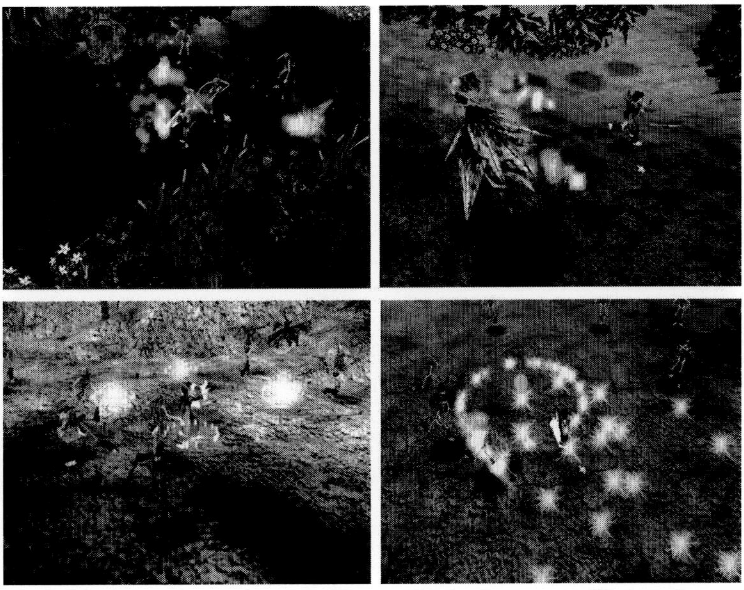

圖 5-2-1 《巴冷公主》遊戲中千奇百怪的魔法特效

第二節 遊戲特效

“特效”是一個可以烘托遊戲品質的重要角色。一套模式固定的遊戲，對玩家沒有任何吸引力，除非它是繼承之前的經典遊戲或流行的熱門遊戲，否則很難被玩家接受。所以遊戲設計者要用遊戲中華麗的畫面顯示來吸引玩家的眼光。

對一套大型遊戲來說，程式設計師必須要依照策劃人員的規劃，將所有特效編寫成控制函數以供遊戲引擎顯示。當遊戲中的特效不多時，這種方法還可以接受，但是如果遊戲中特效很多，多到超過 1000 種時，那麼讓程式設計師一個個地編寫特效函數就不太容易了。因此遊戲設計者想到了一個辦法：請程式設計師編寫一個符合遊戲特點的特效編輯器，供所有開發團隊使用。如果一個人可以利用特效編輯器做出 200 種特效，那麼只要五個人就可以編寫 1000 多種特效了。（圖 5-2-1）

一、特效的作用

遊戲中的特效，可以透過 2D 或 3D 的方式來表現。當策劃人員在編寫特效的時候，首先必須將所有屬性都列出來，以方便程式人員編寫特效編輯器。

在遊戲中，特效也是一種物件，它可以被放置在地表上，例如，利用地圖編輯器將特效“種”在地表上（如煙、火光、水流）。以一個 3D 粒子特效為例，它的屬性就必須包括特效原始觸發地座標、粒子的座標位置、粒子的材質、粒子的運動路徑與方向等。（圖 5-2-2）

二、特效編輯器

在程式設計師接手策劃人員的特效示意圖之後，便可以著手設計特效編輯器。在上述 3D 特效粒子中，由於遊戲以 3D 特效為主，所以必須將策劃人員繪製的示意圖設置成三維座標圖，並且編寫所有粒子擁有的屬性，如表 5-2-1 所示。

圖 5-2-2 一個 3D 粒子特

表 5-2-1 3D 特效粒子屬性

屬性設置值	說明
PosX/PosY/PosZ	粒子 X 座標/Y 座標/Z 座標
TextureFile	粒子的材質
BlendMode	粒子的顏色值
ParticleNum	粒子的數量
Speed	粒子的移動速度
SpeedVar	粒子移動速度的變數
Life	粒子的生命值
LifeVar	粒子的生命值的變數
DirAxis	運動角度

　　關於上表的粒子屬性編輯，請參考之前講的粒子特效與種類。當用戶編輯出粒子的所有屬性後，程式設計師只要再調用 3D 成像技術，便可以輕易地用特效編輯器編輯出想要的特效（圖 5-2-3）。

102

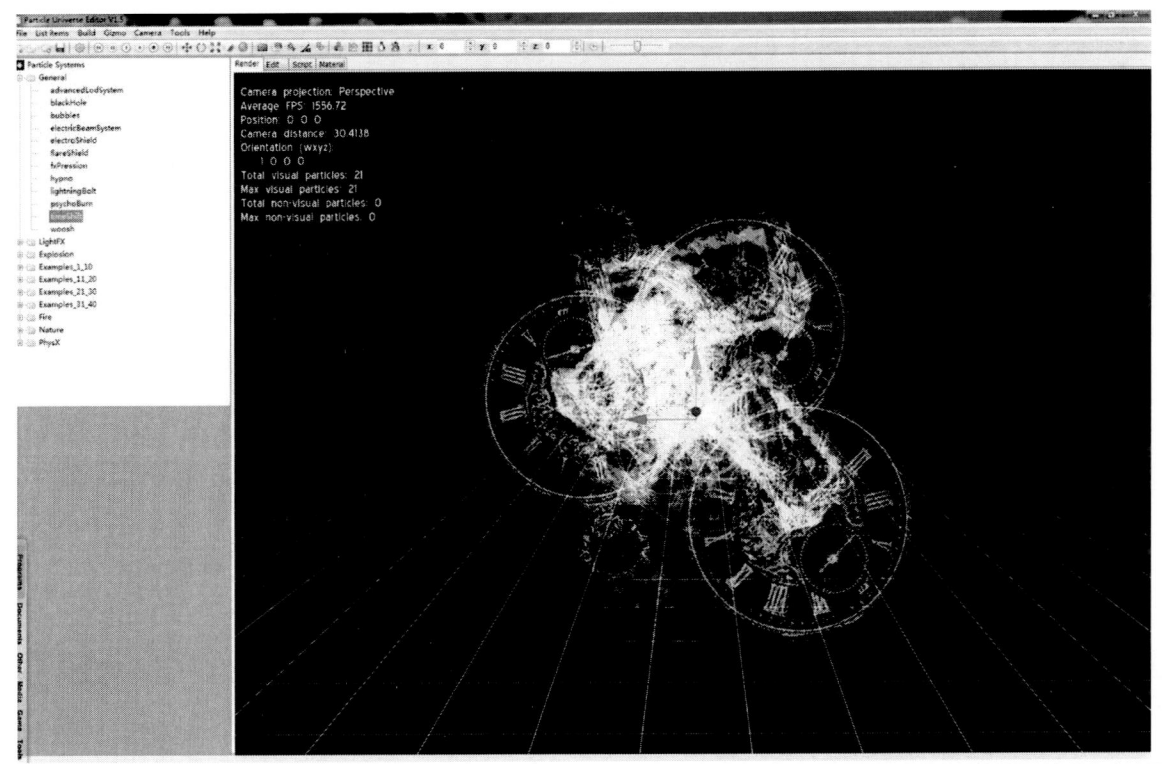

圖 5-2-3 配合 3D 成像技術開發的特效編輯器所製作的炫光效果

第三節 劇情編輯器

貫穿一套遊戲的主要因素是遊戲的劇情，而劇情通常用來控制整個遊戲的進程。我們可以將遊戲中的劇情分為兩大類：一類是主線劇情，另一類是旁支劇情。下面就針對這兩大劇情來詳加介紹與說明。

一、劇情架構

在介紹遊戲的兩大類劇情前，我們首先來看一下遊戲的主要流程是如何進行的。（圖 5-3-1）

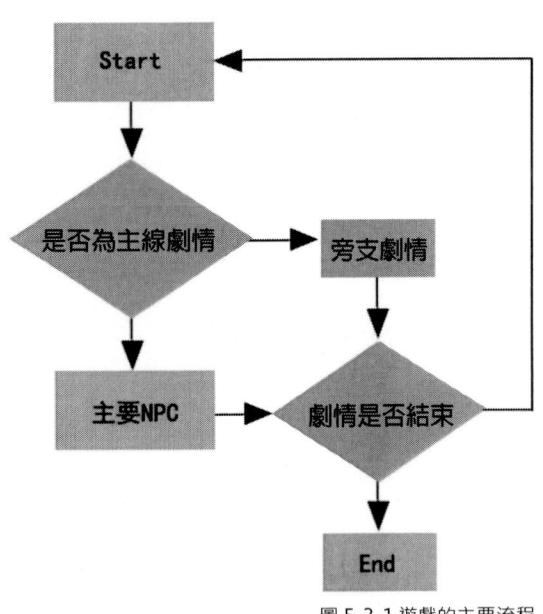

圖 5-3-1 遊戲的主要流程

在遊戲中，為了使劇情發展更加曲折，可以在主要的劇情上另外編輯一些與次要人物的對話，而這些加入的人物對話是以不影響整個遊戲的主要進程為原則。當然，在規劃遊戲劇情的時候，也可以將主要的主線劇情由單線劇情擴展成多線劇情。為了讓故事再增加一些複雜情景，還可以繼續分類下去。（圖 5-3-2）

　　值得注意的是，不要為了故事的豐富性，而隨意增加一些無謂的劇情，這樣會導致玩家對遊戲失去興趣，而且對於劇情架構而言，也會讓程序設計師難以維護。不過，筆者還是建議用"多線"的方式來逐步發展遊戲故事的劇情，唯一的條件就是最後還要讓這些多線式的劇情再整合起來。多線式的劇情的架構如圖 5-3-3 所示。

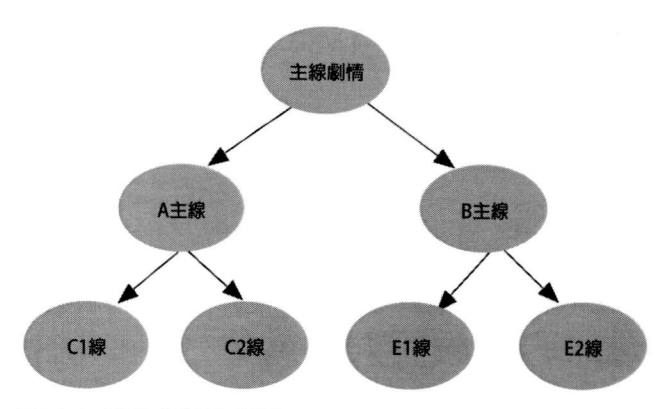

圖 5-3-2　發展為複雜的多線劇情

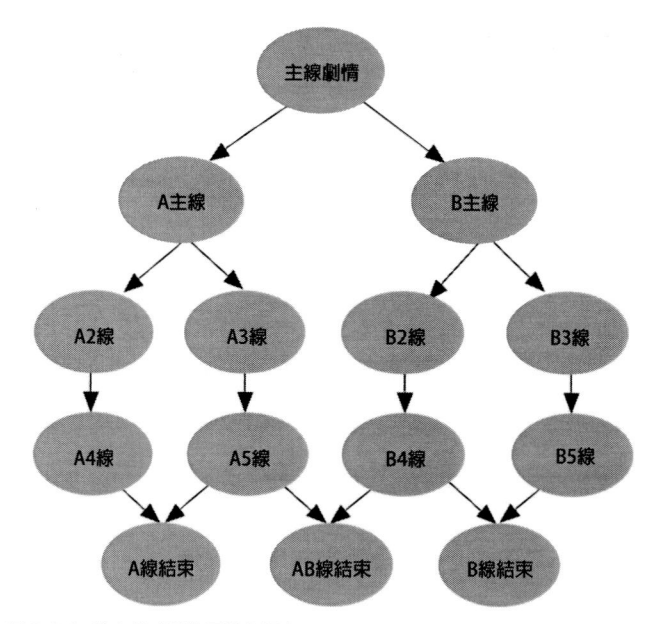

圖 5-3-3　將多線式劇情再結合起來

二、主線劇情

主線劇情就是遊戲設定好的大致遊戲線索，一般由遊戲中預設的非玩家人物的提示引導玩家進行遊戲。所謂非玩家人物（Non Player Character，NPC），是指在一個時間背景裡，不只有一個主角存在於遊戲世界中，還需要有另外一些人物來陪襯，而另外這些人物就是"非玩家人物"。這些非玩家人物可以為玩家帶來劇情進程上的提示，或者給玩家所操作的主角帶來武器與裝備的提升。玩家不可以主動操作這些人的行為，因為他們是由策劃人員所提供的 AI（人工智慧）、個性、行為模式等相關的屬性決定的，程式設計師已經按策劃意圖把這些人物的行為模式設計好了。

NPC 可能是玩家的朋友，也可能是玩家的敵人，為了遊戲的劇情能夠延續下去，與這些 NPC 人物的對話內容就顯得非常重要。（圖 5-3-4）

圖 5-3-4 《劍俠情緣》遊戲中五花八門的 NPC

三、旁支劇情

旁支劇情在遊戲中起陪襯作用，如果一套遊戲少了旁支劇情，總會讓玩家覺得少了幾分樂趣。嚴格來說，旁支劇情不能影響遊戲中主要劇情的發展，他們會讓玩家在遊戲中取得一些特定且有用的物品，如道具、金錢或經驗值等。如玩家在遊戲中的某個村莊裡，或在路上會遇到一些 NPC，他們可能會說出無關緊要的話，如 "敵人真是太強大了！" 或 "可憐可憐我吧！" 甚至有些會提出交易請求。例如："我有一本秘笈，學成後天下無敵，只要給我 1000000 個金幣你就可以得到。" 這樣的 NPC 一般是開發者設計的陷阱，讓遊戲難度加大。筆者曾經就被 NPC 人物騙光了所有錢。這樣的設置雖然很簡單，但是已經成功達到了玩家與遊戲中之間的互動。這樣玩家會更加喜歡這類遊戲。

四、劇情編輯器

所謂劇情編輯器，就是讓使用者可以根據自己的喜好，在一定的指令條件下，編輯屬於自己的故事劇情。劇情編輯器中的指令成為"編輯 Script 指令"。（圖 5-3-5）

為了讓用戶在遊戲中編輯故事劇情，劇情編輯器就必須制訂出一系列的"指令"以供使用者輸入。例如，當使用者在編輯一個 NPC 的對話時，劇情編輯器就必須提供一個讓 NPC 說的指令，例如，"TALK MAN01 你好嗎？"

其中，"TALK"是劇情編輯器提供給 NPC 說話的指令，"MAN01"是定義 NPC 編號，"你好嗎？"則是 NPC 所說的話。以上就是劇情編輯器的主要指令用法。其實還可以將上述的"TALK"指令進行擴充，增加細節參數的部分，例如：TALK MAN01 人物編號，"對話字串"，NPC 動作，NPC 示意圖，示意圖方向（L/R）。

劇情編輯器的指令參數設置要靠策劃人員來詳細規劃，策劃人員必須將遊戲中可能發生的狀況與發生後的狀況一一列出，以供程式人員設置劇情編輯器指令時使用，而程式人員可以將劇情編輯器的流程進行規劃（圖 5-3-6）。

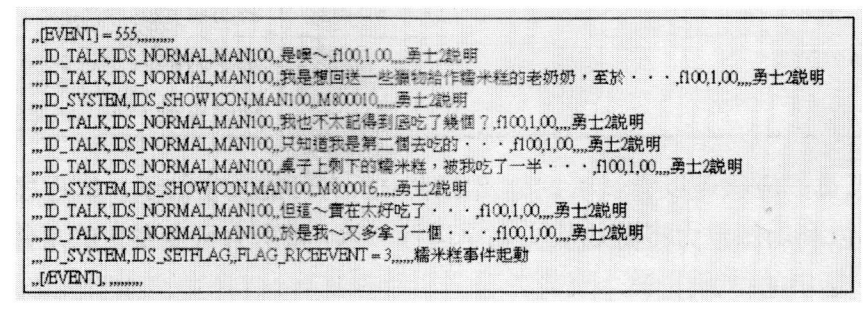

```
,,[EVENT] = 555,,,,,,,,,
,,,ID_TALK,IDS_NORMAL,MAN100,,是喂～,,f100,1,00,,,,,勇士2說明
,,,ID_TALK,IDS_NORMAL,MAN100,,我是想回去一些獵物給作糯米糕的老奶奶,至於···,f100,1,00,,,,,勇士2說明
,,,ID_SYSTEM,IDS_SHOWICON,MAN100,,M800010,,,,,勇士2說明
,,,ID_TALK,IDS_NORMAL,MAN100,,我也不太記得到底吃了幾個？,f100,1,00,,,,,勇士2說明
,,,ID_TALK,IDS_NORMAL,MAN100,,只知道我是第二個去吃的···,f100,1,00,,,,,勇士2說明
,,,ID_SYSTEM,IDS_SHOWICON,MAN100,,M800016,,,,,勇士2說明
,,,ID_TALK,IDS_NORMAL,MAN100,,桌子上剩下的糯米糕,被我吃了一半···,f100,1,00,,,,,勇士2說明
,,,ID_TALK,IDS_NORMAL,MAN100,,但這～實在太好吃了···,f100,1,00,,,,,勇士2說明
,,,ID_TALK,IDS_NORMAL,MAN100,,於是我～又多拿了一個···,f100,1,00,,,,,勇士2說明
,,,ID_SYSTEM,IDS_SETFLAG,FLAG_RICEEVENT = 3,,,,,,糯米糕事件起動
,,[/EVENT],,,,,,,,,
```

圖 5-3-5 劇情編輯器編寫好的一段劇

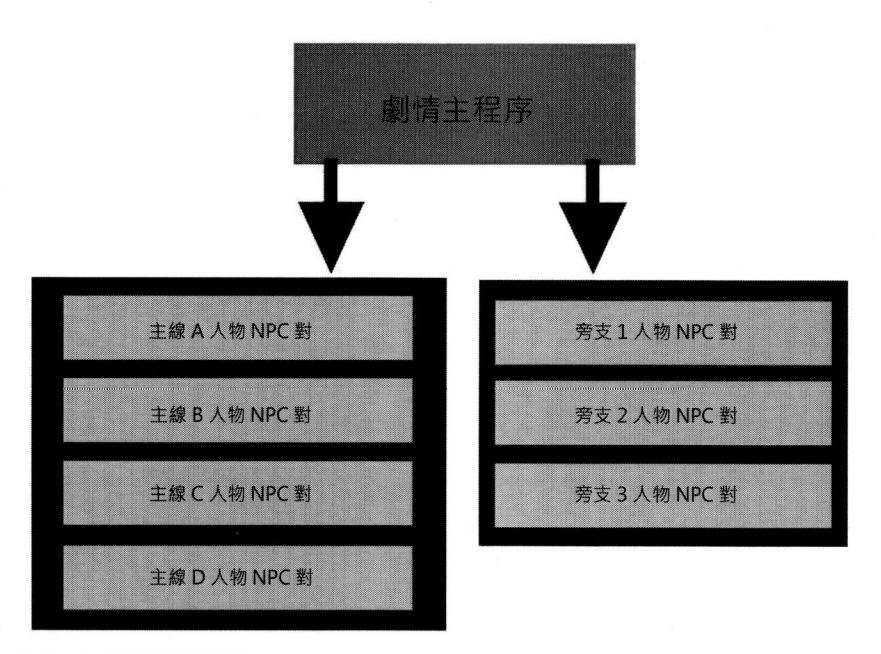

圖 5-3-6 劇情編輯器的流程

策劃人員根據流程圖規劃的 NPC 指令如表 5-3-1 所

表 5-3-1 劇情流程圖規劃中的 NPC 指令

指令	附加參數	說明
TALK	NPC 人物編號，"對話字串" NPC 人物動作，NPC 人物示意圖，示意圖方向（L/R）	NPC 對話
MOVE	NPC 人物編號，X / Y 座標，移動速度，移動方向（1 / 2 / 3 / 4）	NPC 移動
ATT	NPC 人物編號，被攻擊的 NPC 人物編號，NPC 人物動作	NPC 攻擊某一個 NPC 人物（包括主角）
ADD	加數，被加數	指令內的加法運算（通常用來計算人物的血量）
DEL	減數，被減數	指令內的減法運算（通常用來計算人物的血量）

策劃人員應該盡可能全面地規劃遊戲中可能發生的事，以方便程式設計人員編寫劇情。用戶可以利用想像力將遊戲從頭到尾運行一遍，並將所有可能發生的事件與行為都記錄下來，最後歸納成一連串的行為指令。

第四節 人物與道具編輯器

在一套遊戲中，人物與道具是最難管理的資料，因為它們在遊戲中使用的數量最多。如果想有效地管理這些資料，並且考慮到遊戲後期的維護等問題，建議用戶不妨使用 Microsoft Office 所提供的軟體——Excel。Excel 是一個試算表軟體，具有明確可見的表格化欄位，它不僅可以管理遊戲的數值資料，還可以查找某些特定的資料，使用起來非常方便。

一、人物編輯器

在遊戲的開發中，我們可以根據人物的個性與特徵進行人物的相關設置，例如，某個高大且體格健壯的角色，通常會歸類為攻擊力強、魔法力（智力）弱、防禦力一般的屬性，也就是屬於頭腦簡單、四肢發達的人；對於老人的設定，往往擁有神秘的魔法，通常歸類於攻擊力弱、魔法力（智力）高、防禦力弱的屬性，如遊戲中的巫師、魔法師。表 5-4-1 列出 幾個人物設置中常用的屬性。

表 5-4-1 遊戲人物常用屬性設置

屬性	說明
LV	人物的等級
EXP	人物的經驗值
MAXHP	人物的最大血量
MAXMP	人物的最大魔法量
STR	人物的攻擊力
INT	人物的魔法力（智力）

在 Excel 中編輯出來的人物屬性和對應的人物形象。（圖 5-4-1）

遊戲中的怪物同樣也能用 Excel 進行屬性的設置。（圖 5-4-2）

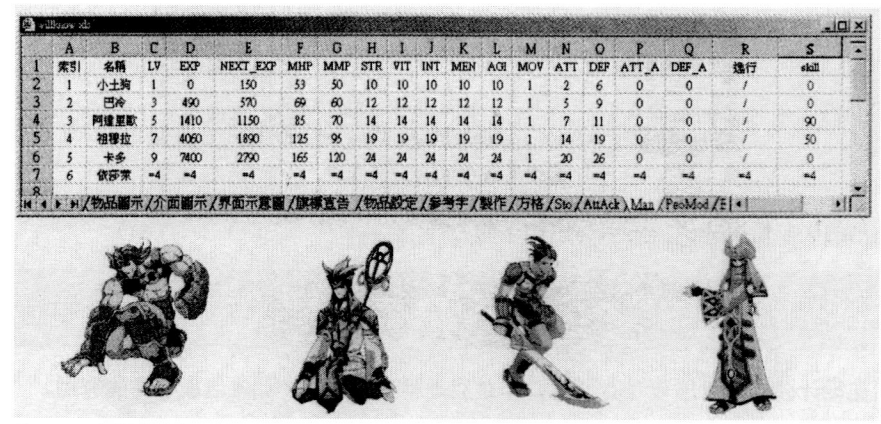

圖 5-4-1 不同遊戲人物的屬性工作表和部分角

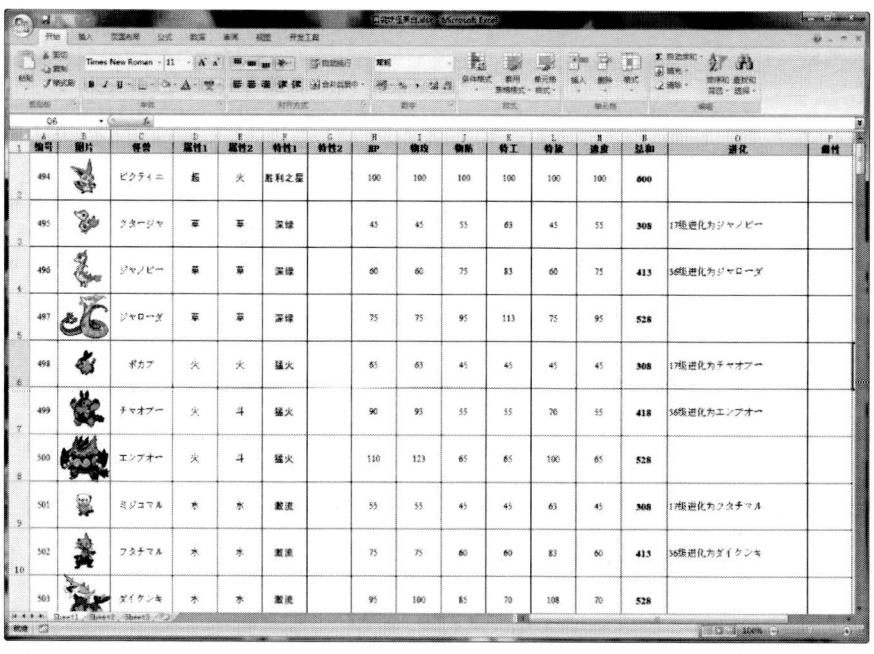

圖 5-4-2 用 Excel 編輯怪物的屬性值

108

以角色的失血情況為例，可以寫出如下公式：
敵方防禦力／（人物ＳＴＲ＋ＳＴＲ加值×0.1）＝失血量
200/[(100+50)×0.1] = 13.3

雖然在設計公式時可能要花點心思，但是在日後設置人物屬性時就非常有用。

二、人物動作編輯器

人物動作編輯器用來編輯 3D 人物的動作。在 MD3 格式中，可以將人物的所有動作都存放在一個檔中，人物動作編輯器又將這些動作加以分類，而設計者就必須使用人物動作編輯器來設置與這些模型動作相關的資料，供遊戲引擎使用（圖 5-4-3）。

三、武器道具編輯器

在遊戲的戰鬥狀態中，會隨機出現多種武器及道具，或者出現與主角配合的必殺技。雖然這些道具看起來不是那麼起眼，但是它們的存在卻讓角色扮演類遊戲增色不少。這些為數眾多的武器和道具也可以利用 Excel 進行管理與維護（圖 5-4-4）。

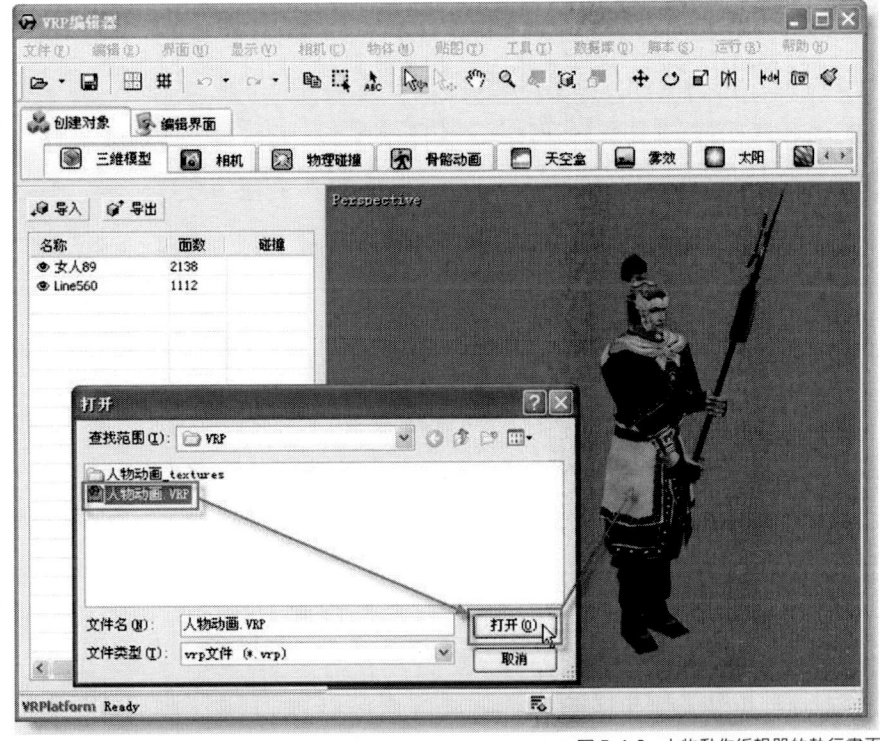

圖 5-4-3　人物動作編輯器的執行畫面

	A	B	C	D	E	F	G	H
1		暗黑裝備	黃金裝備	暗黑裝備X2	黃金裝備X2	暗黑裝備X4	黃金裝備X4	套裝屬性
2	奔雷鎧甲	168	120	格挡+7	格挡+7	敏捷+7	敏捷+5	全体致命一击几率上升3
3	奔雷护手	162	221	物理防御力+20	物理防御力+7	技能攻击力+4%	技能攻击力+3%	全体致命一击几率上升4
4	奔雷头盔	151	211	敏捷+3	敏捷+2	增加hp最大值67	增加hp最大值50	全体致命一击几率上升5
5	奔雷护腿	140	142	魔法防御力+13	魔法防御力+10	减少伤害4%	减少伤害3%	全体致命一击几率上升7
6	奔雷靴子	133	132	移动数度上升*13	移动数度上升*10	移动数度上升*30	移动数度上升*20	全体致命一击几率上升8
7	奔雷护手	124	170	敏捷+4	敏捷+2	命中+10	命中+7	全体致命一击几率上升10
8	奔雷腰带	122	140	增加hp最大值30	增加hp最大值20	技能攻击力+4%	技能攻击力+1%	全体致命一击几率上升21
9	奔雷衬衫	107	90					
10	修罗单手剑							
11	修罗长矛							

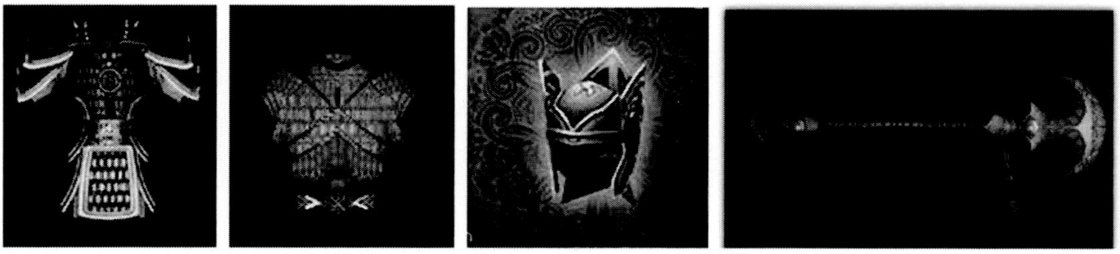

圖 5-4-4　部分道具屬性值和相應道具圖片

武器和道具的屬性設置比人物屬性設置簡單。只要在武器上設置一系列的等級，再以等級來區分武器攻擊力的強弱即可。如果還要細分武器的屬性，可以再加入武器增強值（除攻擊力之外的附加值）和武器防禦值（可提升武器防禦力）等。

第五節　遊戲動畫

我們在遊戲中製作３Ｄ動畫時，經常要模擬一些動畫場景，這時就需要使用動畫編輯器。動畫的編輯有點像動畫的剪輯，當動畫編輯完成後，我們可以把它當作一部卡通短片來看，因為編輯後的動畫已經具備了圖像與聲音效果。

動畫與卡通影片的製作原理基本相同，使用的都是視覺暫留原理。將一張張動作連續的圖片依照特定的速度播放，從而產生動畫效果，在圖片的顯示速度上，一般每秒２０～３０張的幀速率是較為理想的。

製作動畫編輯器的方法有以下兩種：第一種是製作動畫並顯示於地圖中，這種做法是針對單一獨立的對象，如風車轉動或冒煙等；第二種方式就是直接製作幾張背景圖，也就是說地圖本身就是畫，如潺潺的流水或是飛翔的鳥兒等。（圖5-5-1）

另外動畫編輯器具有集成音效的功能，可以在這裡加入音效資料或其他資料，以供其他動畫特效使用。(圖 5-5-2)

圖 5-5-1 動畫編輯器製作動畫的介面

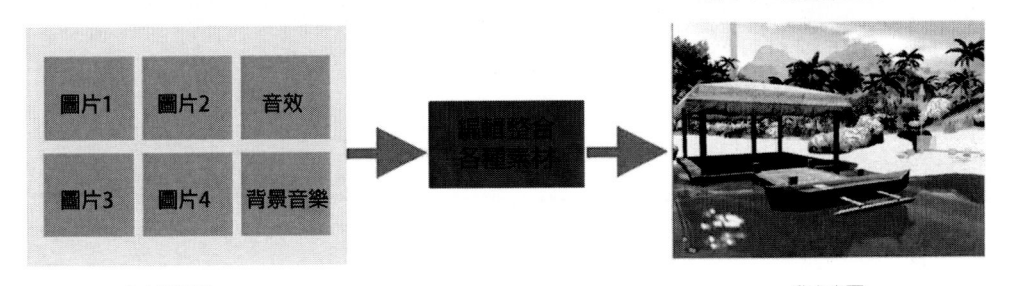

動畫編輯器

動畫畫面
圖 5-5-2 動畫編輯的概念

　　上圖所示為動畫編輯的概念圖，一張單頁的圖片，也可能由若干張圖片組成。當然，這些圖片都可以加入效果參數，如果沒有將音效資料放進編輯系統中，動畫與音效的同步將會變得困難。例如，當遊戲中的武士揮劍時，需要搭配揮劍的音效，而我們必須將音效的資料放入動畫中，遊戲才能在播放這個動作的時候產生音效效果。

思考與練習

1. 簡述編輯工具軟體的作用。
2. 何謂地圖編輯器？
3. 遊戲中的劇情可以分為哪兩大類？
4. 何謂動畫編輯器？

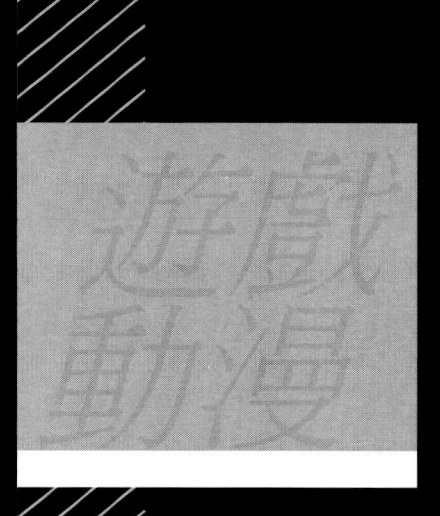

第六章
遊戲設計的團隊及開發流程

第一節 遊戲設計的團隊

　　遊戲生產是一個複雜的商業過程，現在僅憑一己之力想要完成遊戲生產並實現盈利已經變得非常困難，而遊戲公司作為一個商業組織在這方面具有明顯的規模優勢。遊戲公司內部有著明確的分工，一款暢銷遊戲不僅包含了遊戲開發者的努力，還需要其他部分的緊密配合。因此打算從事遊戲工作的讀者應該對遊戲公司的組織結構和內部分工有深入的瞭解和認識。

　　遊戲公司的規模是隨著遊戲產業的發展逐漸擴大的。在早期遊戲開發中，三五人的開發小組就可以完成一款高品質的街機遊戲，而現在至少需要數百甚至上千人才能完成一款大型 3D 遊戲，如《品質效應 2》（圖 6-1-1）、《拿破崙：全面戰爭》（圖 6-1-2）這樣的 3D 大製作。

圖 6-1-1　《品質效應 2》

圖 6-1-2　《拿破崙：全面戰爭》

一、策劃人員

遊戲策劃（Game Designer），也有的公司稱遊戲企劃、遊戲設計。這個名詞指遊戲開發的一個重要要素，有時也指承擔相關崗位工作的人。為了不產生歧義，本書使用"遊戲策劃師"或者"遊戲設計師"指代從事策劃工作的人。顧名思義，遊戲策劃師的主要職責是負責遊戲專案的設計以及管理工作。

從企業職位設置角度看，策劃團隊主要負責以下工作。

（1）以創建者和維護者的身份參與到遊戲的世界，將想法和設計傳遞給程式和美術人員；

（2）設計遊戲世界中的角色，並賦予它們性格和靈魂；

（3）在遊戲世界中添加各種有趣的故事和事件，豐富整個遊戲世界的內容；

（4）調節遊戲中的變數和數值，使遊戲世界平衡穩定；

（5）製作豐富多彩的遊戲技能和戰鬥系統；

（6）設計前人沒有想過的遊戲玩法和系統，帶給玩家前所未有的快樂。

遊戲策劃人員是整個遊戲開發過程中的靈魂人物，是最初對遊戲的玩法、邏輯、難點、流程以及故事情節進行構思的人。一方面，遊戲策劃人員需要對遊戲總體設計方案和風格進行把握，包括遊戲題材和遊戲玩法的策劃；另一方面，遊戲策劃人員需要具備一定的美術、程式基礎，並且透過高效的管理來協調美術、程式部門實現遊戲設計。因此一個優秀的遊戲策劃方案不光是遊戲創意水準的體現，也是遊戲作品品質的保證。同時，對於遊戲的熟悉程度，估計沒有哪個開發人員會比遊戲策劃人員更清楚了：大到遊戲框架，小到介面熱鍵，一點一滴都需要遊戲策劃人員進行詳細的描述和設計，也只有遊戲策劃人員才能對遊戲的實現情況進行全面的把握。所以，如果遊戲策劃人員能夠協調好各部門的工作，那麼專案進展就會比較順利。從這個意義上講，游戲策劃人員的個人能力和協調水準，都是影響游戲開發和製作的關鍵因素。

大部分公司在招聘啟事的崗位設置上通常分"主策劃"和"執行策劃"兩個職位。主策劃其實是表明策劃團隊的 Leader 身份，冠以"策劃主管"還是"策劃總監"的頭銜並不重要，一般由具有多年遊戲設計經驗的人員擔任。他必須具備較強的溝通協調能力。他的主要工作職責在於設計遊戲的整體概念、負責團隊的設計文檔製作，以及在日常工作中管理和協調整個策劃團隊，指導策劃團隊的成員進行遊戲設計工作。在管理工作之外，主策劃也可能和其他執行策劃一樣，擔負具體的工作。

從承擔的具體實作任務看，執行策劃們主要分為：系統策劃、文案策劃、關卡策劃、介面策劃，以下分別進行介紹。

1. 系統策劃

系統策劃，又稱為遊戲機制策劃，也就是我們常說的遊戲規則設計師。他的主要職責是在主策劃的核心思路指導下進行工作，搭建遊戲世界結構、協助主策劃進行細節處理、完成遊戲內容。具體任務包括設計遊戲角色、道具等遊戲元素，將遊戲規則進行細化，調整遊戲物件模型的數值，調整遊戲平衡性等。系統策劃需要編寫和維護相關的策劃文檔，並且保證版本的更新。

在實際環境中，系統策劃需要完善遊戲元素，豐富遊戲內涵；對關卡、資源等進行驗收和測試，保證資源品質，修正和完善在製作和測試過程中發現的缺陷和不足。

由於要負責遊戲的一些系統規則的編制，對

系統策劃的邏輯思考能力要求高，實現這些規則的代碼工作需要交付給程式團隊落實，所以擔任系統策劃的人員往往都具有一定的程式設計基礎。

遊戲數值策劃，又稱遊戲平衡性設計師。主要負責和遊戲平衡性方面有關的規則和系統的設計，包括 AI 的規則等，可以說除了劇情方面以外的內容都需要數值策劃參與。遊戲數值策劃的日常工作和資料打交道比較多，如我們在遊戲中所見的武器傷害值、HP 值、戰鬥勝負的計算公式等都由數值策劃所設計。

2. 文案策劃

遊戲文案策劃，又稱劇本策劃或編劇，負責按照遊戲主策劃的規劃設計遊戲，設定、撰寫遊戲的世界觀、故事背景、人物對話、遊戲情節和線索。

遊戲文案策劃是體現遊戲文化內涵的重要部分，它們是將遊戲世界付諸文字，並將其形象化的實施者。如果是開發 ACT、FPS 這類遊戲，遊戲文案策劃的工作不是遊戲研發人員的核心，但是對於 RPG 這些以情節見長的遊戲類型，缺少他們的努力，遊戲的魅力將大打折扣。

文案策劃，首先需要具有較高的理解能力、編輯寫作能力，以達到遊戲主策劃對遊戲世界觀設定要求等。

其次，掌握 Office 工具以及 Visio 流程圖等工具的使用方法也是研發人員落實工作的要求。

再次，文案策劃還需要協調能力。以編寫劇情、腳本和對話為例，有時候這些工作由他們直接完成，有時候某些具體的特殊對話會需要同關卡設計師一起討論後進行調整，如 SFC 上《夢幻模擬戰 2》（圖 6-1-3）這類對話情節選擇決定內容分支的遊戲。

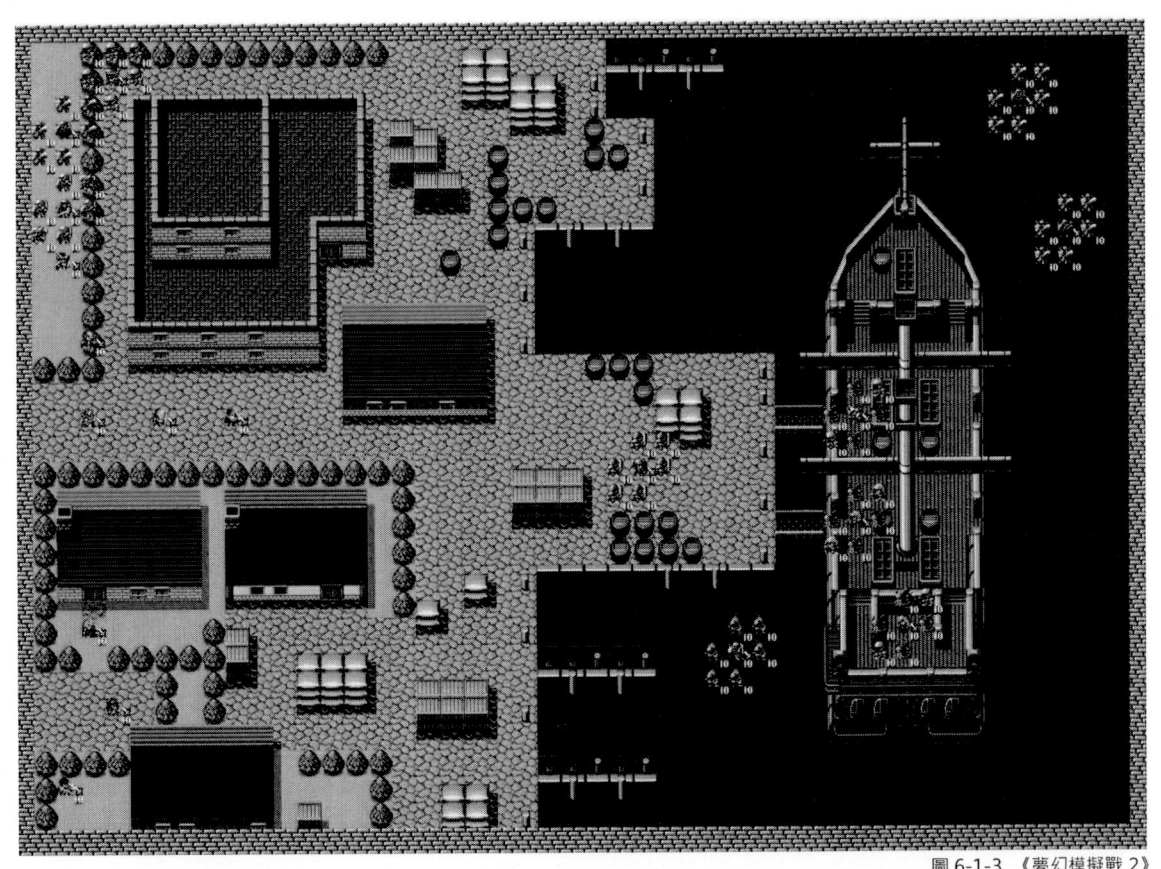

圖 6-1-3 《夢幻模擬戰 2》

圖 6-1-4《英雄連》

特別要指出的是，好的遊戲文案策劃，必須知識面廣，還要學會考證查找一些必要的資料。如策劃《英雄連》（圖 6-1-4）這樣一個歷史題材遊戲的時候，對於武器裝備的名字、外觀、性能我們就不能只靠想像來融合畫面了。

當遊戲軟體專案進行到後期時，文案策劃仍然是遊戲宣傳推廣和產品深度開發的重要參與者。如撰寫玩家手冊、宣傳新聞、各類公告、論壇文章、網媒文章以及市場需求等文檔；根據遊戲劇情設計的內容，撰寫遊戲小說等文字讀物，豐富遊戲周邊內容等。

3. 關卡策劃

關卡策劃就是設計好場景和物品、目標和人物，給玩家操縱的遊戲人物提供一個活動舞台。關卡策劃正是透過精心佈置這個舞台來把握玩家和遊戲的節奏並給予引導，最終達到一定的目的。（圖 6-1-5）

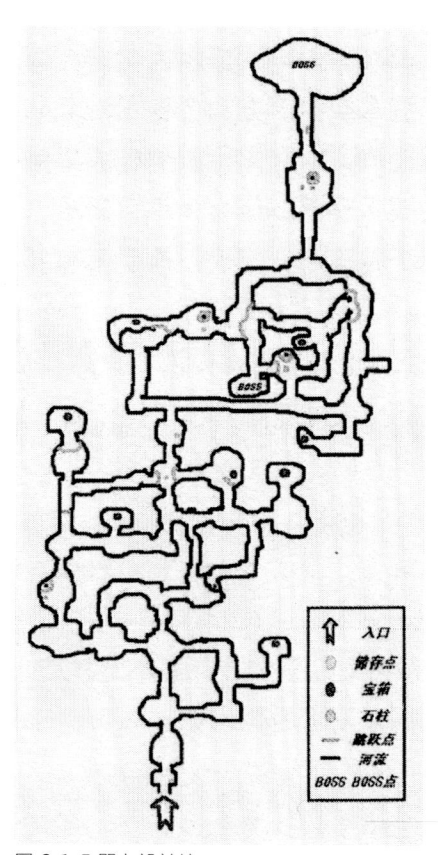

圖 6-1-5 關卡設計地

透過和主策劃、系統策劃進行交流，在明確了關卡的總體目標和具體限制後，關卡設計師將和美工製作、程式師們聚集在一起，使用概念速寫、二維平面圖、3D 效果渲染圖等視覺化的方式就關卡裡的元素進行討論。關卡的元素通常包括地形地貌、標誌性建築、關卡中的各種物品、敵人以及 NPC 的行為、情節、目標等。

經過反復幾次概念設計和概念評估後，關卡設計師就可以構建遊戲關卡了。除了 AI 控制可能需要編寫腳本代碼（Script）以外，關卡設計師主要使用程式師為本項目提供的、或者協力廠商遊戲引擎已經提供的關卡編輯器來構建遊戲關卡，並不需要和程式設計語言打交道。因為關卡設計的重點在於遊戲性方面，遊戲的節奏、難度階梯等方面很大程度上需要依靠關卡來控制。有經驗的團隊也可能會把關卡編輯器分解為其他一些工具，如地圖編輯器、物品編輯器、NPC 編輯器甚至劇本編輯器等。很多遊戲廠商甚至把這些工具提供給玩家自行設計關卡，讓其自娛自樂。

可以說，一個關卡設計師同時兼具程式、音樂、美術的設計才能。對文案部分內容也擁有一定的修改權利，因為他可以根據自己關卡的需要對具體對話和劇情描述進行調整。

總的來說，關卡策劃為每個遊戲創造規則和系統來形成遊戲主幹，關卡設計師執行計畫並使這些規則按照遊戲計畫正確運作。關卡設計師構建遊戲環境，創造可見的樂趣，監控遊戲的演出效果，在產品上架之前解決並調整遊戲中的問題是一個相當繁瑣也非常重要的任務。不過，測試人員以及遊戲玩家正是透過遊戲關卡來體驗遊戲樂趣的。

4. 介面策劃

遊戲介面策劃與美工的交流比較緊密，負責設計遊戲視圖、遊戲功能表、安裝和卸載遊戲用戶介面，也包括在遊戲所有介面下需要相應何種輸入控制。

二、美術人員

遊戲美術人員又稱遊戲美工，遊戲美工是游戲開發團隊中規模最大的一個部門，他們負責為遊戲提供美術資源，繪製出遊戲中的場景、人物、道具、介面和其他視覺化元素。按照藝術創作方式的不同，遊戲美術人員可以分為 2D 美工和 3D 美工。按照遊戲創作內容的不同，又可以分為原畫、建模、貼圖、動畫、介面和特效美工。在大型遊戲公司中，遊戲美術人員分工非常詳細，遊戲公司按照流水線的生產方式將各項遊戲製作任務分開由專門人員完成，所有崗位的工作成果最後被組合成一個完整的美術作品。而在中小型遊戲公司中，遊戲美術人員分工並不十分明確，他們需要具備獨立的藝術創作能力。

遊戲美術人員首先需要有扎實的美術基礎，瞭解美術史、色彩理論、動畫理論、設計理論、美術技法等知識。其次，遊戲美術人員還應具備優秀的傳統美術創作技能，如素描、油畫、解剖學、雕刻、攝影等。最後遊戲美術人員要能夠熟練使用 3Ds Max 和 Photoshop 等電腦軟體進行遊戲圖形製作、數位編輯與合成、網頁設計等工作。雖然有些專業知識和技能並不直接應用在遊戲中，但它們對提高開發者的藝術修養和審美水平有很大幫助，並最終體現在個人遊戲美術作品中。

遊戲公司美術部門通常會設立一名藝術總監（或稱主美工），他與設計總監（主策劃）的級別相同，往往由具有豐富經驗的、擅長人際關係協調的藝術專家擔任。藝術總監負責遊戲總體美術風格設計，讓每一部分的美術作品都和整體藝術風格保持一致。藝術總監還需要領導整個美術團隊，指導和監督其他遊戲美術人員進行藝術創作，保證按照遊戲專案開發進度準時完成所有的美術製作任務。此外，藝術總監還要決定是否需要遊戲程式師為項目製作工具，如一些流行建模軟體的外掛程式程式。

在有些遊戲公司內部會對美術人員進行分組管理，原畫、貼圖和介面屬於 2D 美術組，而建模、動畫和特效屬於 3D 美術組。下面我們分別對這些崗位進行介紹。

1.2D 美術

2D 美術人員屬於平面繪圖藝術家，他們的傳統創作技能在 2D 遊戲開發中發揮了重要作用。很多 3D 美術人員雖然能夠迅速準確地創建出一個遊戲模型，但是缺乏真正的手繪能力，而 2D 美術人員只需要將手繪稿掃描至電腦再進行潤色加工，就可以獨自完成所有人物、背景、動畫、界面和圖示等遊戲圖片的製作。

在 3D 遊戲開發中，2D 美術人員也可以充分展示自己的專業才能。以原畫設計師為例，他們的主要工作是根據遊戲設計要求，使用傳統的繪圖工具和材料，如鋼筆、鉛筆和顏料等，為遊戲場景、人物、道具繪製草圖，向遊戲設計人員和遊戲建模人員提供遊戲關卡及角色的大致外觀。這些圖片資源不僅可以很直觀地表現遊戲設計效果，同時它還可以成為創建遊戲模型的參考視圖。（圖 6-1-6）

圖 6-1-6　《魔獸世界》原畫設定

在遊戲開發任務之外，2D 美術人員還承擔了遊戲網站、產品包裝和廣告設計等多方面工作。因此 2D 美術人員大多是具有專業美術功底的畫家。這就要求美工人員不僅要有出眾的手繪能力，還要熟悉不同美術設計風格的差別，善於把握人物個性和動作，熟練掌握 Photoshop、Painter 等圖形設計軟體。

2. 建模

我們在 3D 遊戲中看到的所有角色、道具和場景等都是由大量多邊形組合而成的複雜網格體，它們被稱為遊戲模型。3D 建模師的工作就是參考遊戲原畫設計，使用 3D 建模軟體創新遊戲模型。遊戲建模是一項非常耗時且具有挑戰性的任務，3D 建模師不僅要有良好的觀察力，還要熟練掌握 3Ds Max、Maya、Zbrush 等 3D 建模軟體的功能和操作。遊戲建模是遊戲美術製作的基礎工作，因此遊戲公司對建模人員的需求量很大。

每個 3D 建模師都有自己的技術特長，因此有的遊戲公司會把 3D 建模師分為角色建模和場景建模兩類。角色建模的任務是創建人物、怪獸等角色模型，他們在遊戲美術團隊中的人數比例為 10%～20%。角色建模人員要對人

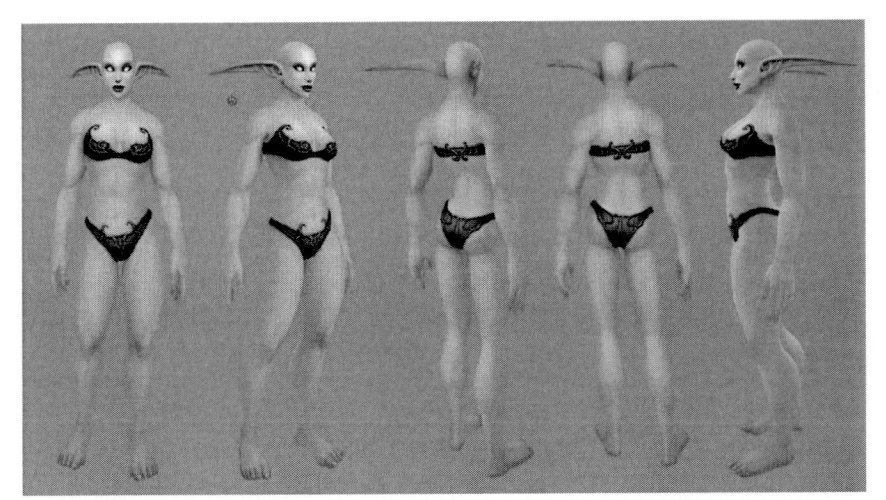

圖 6-1-7　《魔獸世界》3D 角色模型

體解剖結構有深刻的理解，才能製作出真實可信的遊戲角色（圖 6-1-7）。場景建模的任務是創建地形、建築、植被、道具等模型，他們在遊戲美術團隊中的人數比例為 40%～50%。場景建模人員要特別注意場景細節與遊戲整體風格協調一致。

3. 貼圖

貼圖設計師負責為 3D 模型繪製貼圖。我們可以把貼圖看成是覆蓋於 3D 模型上的皮膚，它定義了 3D 模型表面的色彩與材質。貼圖設計師使用

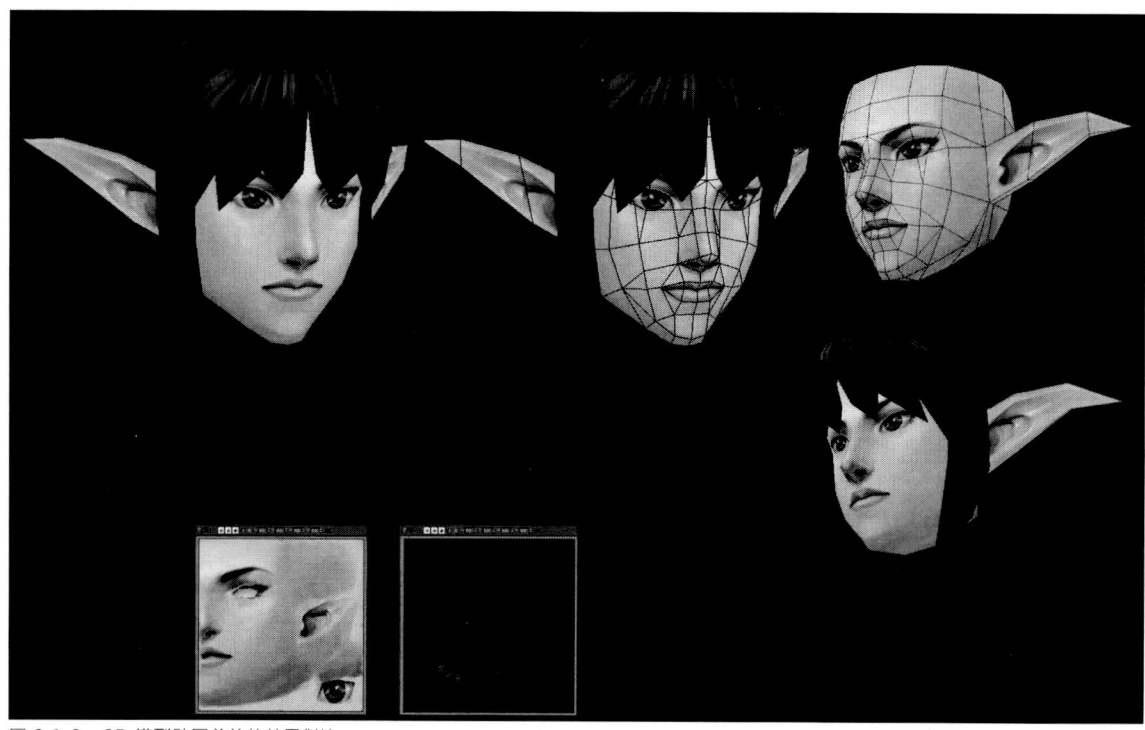

圖 6-1-8　3D 模型貼圖前後的效果對比

Photoshop 等繪圖軟體為 3D 模型添加各個種類的貼圖（如漫反射貼圖、透明貼圖、法線貼圖等），並將它們保存為若干張圖片。這些工作花費的時間往往比建模週期長 3～4 倍。在中小型公司中 3D 建模師要完成從建模到貼圖的所有工作，在大型遊戲公司中有專門的貼圖設計師負責為 3D 模型繪製貼圖（圖 6-1-8）。

4. 動畫

動畫設計師負責制作遊戲中角色及物體的動畫，如人物的行走或閘的開關等。3D 動畫設計師比較注重 3D 模型的內部結構設計，他們要在角色內部添加骨骼，讓它可以帶動 3D 模型產生合理的動作。為了讓動作看上去更加逼真，動畫設計師們會使用關鍵幀或動作捕捉技術。2D 遊戲動畫設計師的創作方式與傳統動畫片非常相似，他們需要手工繪製出遊戲角色在運動過程中的每一幀圖片，透過連續播放這些圖片以實現流暢的動畫效果。動畫設計師在遊戲美術團隊中的人數比例為 10%～20%。此外遊戲公司還會雇傭一些動畫剪輯師來製作遊戲過程動畫，但是目前越來越多的遊戲公司更傾向於把這部分工作交給外部工作室完成。

5. 介面

介面美工師的主要任務是根據介面策劃師的意見製作遊戲使用者介面。內容包括遊戲功能表及選項、遊戲主畫面、遊戲輔助視圖以及遊戲中可能出現的彈視窗或面板、遊戲安裝及卸載畫面、遊戲圖示、遊戲文字所使用到的特殊字體。介面美工師要不斷地與設計師、程式師溝通，修改遊戲 介面外觀。（圖 6-1-9）

6. 特效

特效設計師負責制作爆炸、煙霧、火焰、瀑布、浪花等畫面特效。由於 3D 遊戲特效製作一般要利用遊戲引擎提供粒子系統，因此特效設計師要與程式師緊密配合。遊戲特效在整個遊戲製作中相對簡單，動作量較小，所以特效設計師在遊戲美術團隊中的人數比例只占 10%左右。（圖 6-1-10）

圖 6-1-9 《雙龍決》遊戲介面設計

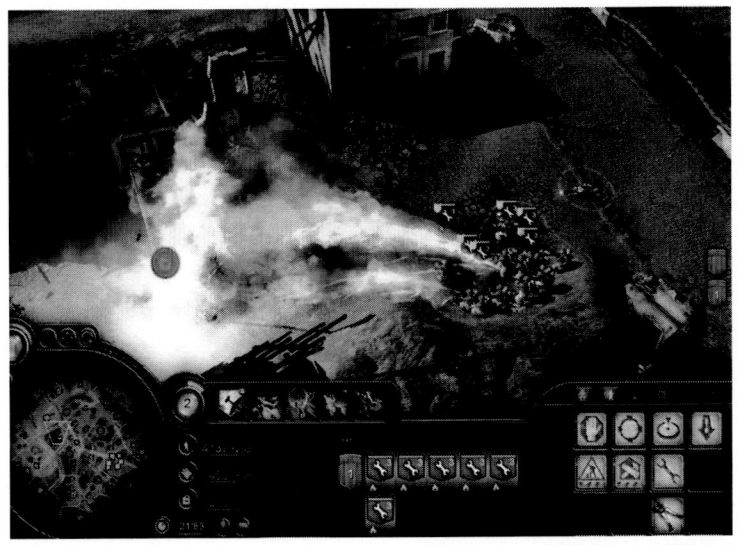

圖 6-1-10 《英雄連》中的爆炸特效

7. 程式人員

如果用房地產的概念來類比遊戲製作人，那麼主策劃好比建築設計師，執行策劃相當於藍圖繪製員，藝術團隊是建築裝飾公司，那麼程式師就是施工隊。遊戲的完成最終是要靠程式團隊來落實的。他們不僅要編寫遊戲原始程式碼，還要為開發團隊提供技術支援和工具，如策劃團隊使用的地圖編輯器、關卡編輯器。對玩家而言，程式師的工作成果不像遊戲美工那麼明顯，但是程式設計是遊戲的骨骼，如果沒有代碼，遊戲將無法運行。

進入 3D 圖形時代，遊戲軟體的規模不再是孤膽英雄可以應付的。過於執著"千里走單騎"的觀念，是造成產品和技術停滯不前的主因。對程式人員而言，他們並不需要完全通曉所有技術底層的來龍去脈，反而，瞭解遊戲軟體的基本架構，何種狀況何種需求下應該使用哪些慣用技術，以及如何使用該技術，這比如何研發更為關鍵。

當然，熟悉和掌握基本的資料結構、演算法、資料流程、執行緒、物件導向的程式設計概念等，都是程式師必備的基本功。但遊戲在形態、內容和進行方式等方面變化無窮，使得遊戲開發實在是一個龐大的課題，技術的進步革新也從未停止。甚至可以說，沒有什麼軟體技術是和遊戲完全無關的。但是遊戲軟體需要炫目的聲光效果、流暢的使用者輸入、操作機制、網路資源等，而這些效果的實現，都是與硬體高度相依的。因為，遊戲程式師是在底層技術上進行開發，所以熟悉操作系統的開發環境有時候比程式設計語言更重要。

在實際工作中，遊戲程式師可能需要具備以下技能。

首先是電腦科學技能。電腦科學是遊戲軟體發展的基礎學科，該專業又可以分為程式設計、軟體工程學、電腦圖形學、電腦原理、電腦網路與通信、電腦安全、資料庫、資料結構與演算法、人工智慧等若干分支學科。它們幾乎在遊戲程式中各個方面都有所體現。

其次是數學技能。數學在遊戲開發中，尤其在 3D 遊戲中有著極為廣泛的應用。如數學中的代數、線性代數、幾何學、三角學、統計學與概率論、微積分學、微積分幾何學、密碼學、數值方法等在遊戲中都有應用。當然要完全精通這些數學知識很不易，但它們對於遊戲程式開發確實有很大的幫助。

還有物理學技能。物理學和數學一樣，和遊戲軟體發展關係緊密。物理知識對提高遊戲畫面、聲音效果和動作真實感都起到了很大作用。物理學在遊戲中的應用有：普通物理學、混沌理論、流體靜力學、流體動力學、剛體運動學、動力學、空氣動力學、聲學等。

下面對程式師的具體分工進行介紹。原則上這些工作應有專人各司其職。不過實際上，不同遊戲製作公司也結合自己的實際情況做出調整，大多數公司只是劃分主程式師（Leader）和程式員崗位。（尤其是業界廣泛採用"遊戲引擎"做開發之後，很多崗位可以省略或者進行合併。）

（1）系統程式 系統程式師最主要的責任是負責遊戲的核心程式設計，以及與其他程式師交流合作。程式團隊的 Leader 常常出身自這個團隊，或者分管這部分技術任務。

所謂核心程式設計主要是指遊戲的主程序，它可以調用其他的功能模組程式。落實策劃書中的遊戲物件和資料模型也是系統程式師重要的工作，為此編寫一個本遊戲專案專用的資料庫也很常見。而且實現這些功能還必須先完成商業遊戲中很多基礎功能程式，如檔處理相關的磁片讀寫、圖片資料的壓縮和解壓縮、資料加密、資料安全、版權保護、接受鍵盤手柄等遊戲操作的響應等。

遊戲程式師並不需要完全瞭解資料庫系統的每一部分，只要知道如何與資料庫建立連線、基本操作、資料表設計、索引建立、正規化、SQL語言、交易或預儲程式等（對於目前的 RDBMS

而言）遊戲所需的相關部分就足夠了。總之，開發遊戲最重要的是"運用適當的工具"。

另外，關於軟體技術的使用，不管是遊戲或非遊戲軟體，"最新的技術"有時並不一定是最有用的技術，且根據經驗，大多數遊戲軟體多使用"成熟技術"而非"尖端技術"。但對新的技術和概念，還是應該抱持積極接觸、思考的態度，不一定要熟練掌握它，但至少要瞭解新的技術和概念適合用來做什麼，以及怎樣運用。

實際上，如果遊戲不需要一切外在呈現，只需要資料內容模型，那麼系統程式師已經完成了大部分程式工作。

如今，使用協力廠商遊戲引擎做二次開發是很常見的。在這種情況下，系統程式師的工作可能被不同程度地省去，如某些資料檔案的導入導出。不過，落實策劃書中的遊戲物件和資料內容模型、進行必要的腳本編寫仍然是必需的工作。

（2）圖像渲染

進行遊戲軟體的圖像渲染是必不可少的工作。尤其在當前的業界環境，3D 圖像渲染技術甚至可以說是遊戲開發技術中難度最大、最能體現公司開發實力的要素之一。

3D 技術不僅應用在遊戲界，同時它也是許多尖端工業、商業科技的關鍵技術。其基本原理是將要顯示的畫面以三角形頂點編碼成資料流程，透過 3D 管線作業，決定可視區域、解析度等級、幾何轉換及光源處理、材質、混色的過程，並最終成為顯示的圖元。

如今，上述工作是由 3D 顯卡進行硬體處理，為了強化細部控制項的彈性，近年來 GPU 研發出一種可程式設計化的技術"著色語言"。

另一方面，基於遊戲形態和內容變化，亦研發出各種適用於封閉或開闊的場景、建築、角色單元、粒子系統、有機體的繪製、動畫等特殊的演算法和優化技術。此外，3D 貼圖、陰影、特效、攝影技術等無不涉及複雜的數學運算。

處理圖像渲染的功能模組常常是遊戲引擎的核心模組。如果採用協力廠商遊戲引擎開發遊戲，那麼圖像渲染程式師的工作幾乎可以完全被省略。這並不表示遊戲公司所需的程式設計技術不高。相較於絕大多數的商業應用軟體而言，遊戲所需的軟體技術是最廣泛最複雜的，只是簡單使用遊戲引擎開發出完整的遊戲就很不容易了。此處強調的重點是"術業有專攻"，遊戲公司本身不可能去研發所有必需的軟體技術，因此對遊戲製作人員而言，"知道怎麼運行現行技術做遊戲"比"知道怎麼開發底層技術"更重要。

當然，如果有心自行研發遊戲引擎中的圖形渲染引擎模組，就必須具備 3D 框架、流程的製作觀念，以及相關的數學背景知識。此外，負責圖像渲染的程式師必須瞭解一些關於 API 的底層技術。目前最主要的 API 介面是 Direct 和 OpenGL，前者在 Windows 平台上一統江山，後者則可以更廣泛地跨平台使用。不過，實際上很多遊戲公司，尤其技術力量比較薄弱的遊戲公司，通常並不自行開發 3D 引擎，而是購買現成的遊戲引擎開發。

（3）物理

除了《掃雷》（圖 6-1-11）這類極簡單的小品遊戲，碰撞檢測可以說是絕大多數遊戲都必需的基本功能。當代表物體 A 的圖形與代表物體 B 的圖形相接觸會發生什麼？發生諸如此類情裝置，像球形關節、輪子、氣缸或者鉸鏈。

圖 6-1-11《掃

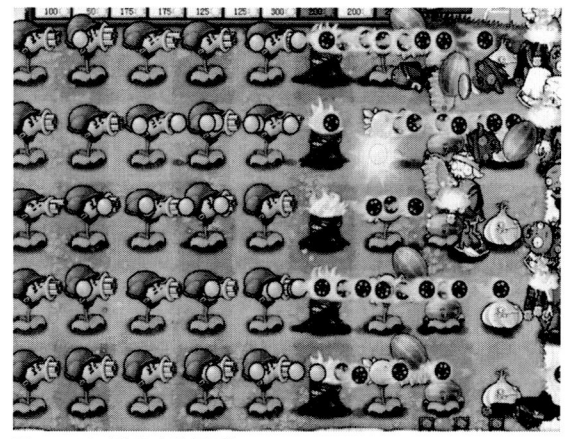

圖 6-1-12《植物大戰僵屍》

況，遊戲邏輯是必須回饋給玩家的，碰撞檢測往往關係到戰鬥系統等遊戲的其他進程。在網路遊戲中，這類重要的運算工作則會轉移到伺服器進行處理。物理程式師需要專門編寫此類代碼。

隨著遊戲開發技術的發展，從碰撞現象演變成更複雜的遊戲物件間交互的既定規律處理。這些規律一般來說，符合人類現實生活中的物理世界。這些功能模組也發展為物理引擎。負責物理引擎的程式師需要使用物件屬性（動量、扭矩或者彈性）來類比剛體行為，這不僅可以得到更加真實的結果，對於開發人員來說也比編寫行為腳本更容易掌握。好的物理引擎允許有複雜的機械

有些也支援非剛體的物理屬性，如流體等。物理引擎和圖像渲染引擎一樣，通常是遊戲引擎的一個核心部件。但是也有專門的物理引擎可以購買，比較有名的是 NVIDIA 的 PhysX 和 Intel 的 Havok，遊戲《英雄連》就應用了後者的技術。

通常 2D 遊戲不採用現成的物理引擎，如遊戲《植物大戰僵屍》（圖 6-1-12）。因此負責處理碰撞檢測的程式師是不可或缺的。從事這份工作，會要求程式師非常熟悉數學幾何知識和使用程式設計語言進行描述。

（4）人工智慧

即使採用有限引擎，程式團隊仍需要人手進行 AI（人工智慧 Artificial Intelligence 的縮寫）處理，如高效的路徑搜索演算法、遊戲難度的提高等。提高 AI 水準是所有遊戲研發公司的技術問題。要想讓 AI 發展到人類水準還有很長的路要走，畢竟人腦太智慧了。

（5）網路

在局域網遊戲或者網路遊戲中，會有多個玩家（Multi-Player）。多人遊戲是非常刺激且具有挑戰性的，並且人類玩家要比電腦的 AI 聰明得多。多玩家遊戲中，需要程式師解決的問題有很多。

首先，程式師要處理資料同步和延遲的問題。網路遊戲本質上是一個分散式系統，這不僅僅針對伺服器/用戶端而言。為了要容納更多的玩家同時上線，在大規模的網路遊戲中，伺服器不可能靠單一機器運作，所以採用多層伺服器架構是必然的。在比較複雜的系統中，電腦通過網路進行通信可能會有延遲，影響遊戲的可能性，因此如何保持多台 PC 的時間同步是一個非常大的挑戰。

程式師的目標是讓遊戲更加順暢，玩家幾乎感覺不到電腦之間的通信活動。為了處理網路傳輸的延遲，在顯示器上會利用種種平滑、預測的計算，以求得較順暢的表現。而我們更常見的做法則是把不重要的資料和運算直接在前台處理，但這種設計可能會導致不公正的結果。因此，如何在流暢性和安全性/公平性之間取得平衡是遊戲設計的重點。

其次，網路程式師要考慮到資料丟失等數據可靠性問題。在傳輸過程中，資料不可避免地會丟失，而且計算機間的通信也可能會間斷。多人連線網路遊戲目前的瓶頸在網路I/O的部分，因為網路遊戲的連線形態和 FTP、Web Application 等許多其他網路應用服務不同，它的特性是高連線數（動輒成千上萬）、高頻率和高流量。

遊戲開發中的網路程式設計，一般不用去做底層的TCP/IP，而是直接使用具有Network功能的函數類庫即可。當遊戲流暢性的需要較高，而安全性的顧慮相對下降時（如動作類、射擊類遊戲），有時也會應用到UDP協定。許多遊戲引擎內建了網路功能，然而，某些工具一旦設計成為"引擎"，它的功能就受到了限制，所以它未必完全符合遊戲專案的需要。

網路遊戲還可能和其他網路應用服務結合，如與電子商務結合等，因此這部分不能完全依賴特定引擎。像Web Application 的技術（ASP、NET、JSP、PHP 等的任何一種皆可）在和網路遊戲平台做整合時也是需要用到的。網路程式師通常需要瞭解Web技術來處理會員管理這類對實性、互動性需求較低的事務。

（6）音源、影像

這部分工作非常簡單，主要是負責播放音源、影像等多媒體檔。很可能系統程式師已經在實現所有檔的讀寫工作時就順帶完成了這部分工作。

（7）工具

對於遊戲軟體發展的方式，有經驗的團隊通常會分出人手來設計專屬的輔助工具，例如，場景地圖編輯器、劇本編輯器、角色編輯器、道具編輯器、腳本編輯器等，再根據每個專案的特色，如戰鬥系統、階級系統、關卡系統、資源管理系統等，做更細致的修改、擴充、調整。有時，為了彈性和靈活性，遊戲的運算規則不會直接寫在程式碼內，而是獨立出來，以腳本的方式控管。

將遊戲開發工具化主要有兩個好處：首先是便於程式設計人員、企劃人員、美術人員的分工和整合；其次，這種方式有助於增加遊戲的產量。

（8）介面

介面程式師的主要任務是和介面美工師進行交流，回應玩家對介面的一些操作。值得一提的是，很多介面功能表所見的花體字並非來自文字字形檔，而是美工人員把這些字樣作為2D圖片進行渲染。

介面程式師常常作為系統程式師的助理，可能還會接管所有關於處理遊戲外設操作的相應代碼，以減輕系統程式師的工作量。

8. 輔助人員

（1）音訊師、作曲家、配音演員

在遊戲創作中，更注重畫面效果。遊戲中"藝術師"這個詞常常是指美工師。其實，遊戲音樂製作人也是不可缺少的。他們的主要任務是創作遊戲背景音樂、合成音效等。

（2）測試員

程式師在遊戲模組製作階段，負責對自己編寫的代碼進行檢查和調試，以保證模組可以正確運行，但是由於軟體結構比較複雜，其中任何一個部分的改變都可能會導致遊戲整體運行出現問題。因此在遊戲製作完畢後，測試員負責測試代碼、圖片、音樂等各種遊戲資源，將遊戲問題反饋給開發人員修改代碼來改善軟體缺陷。

有時候玩家也被廠家邀請作為遊戲測試員，主要任務是找出遊戲的漏洞和不合理之處。

（3）銷售人員 為了開發出最好的遊戲，遊戲研發部門可能花費了幾年時間和高昂的資金。"酒香不怕巷子深"的時代早已成為過去，在競爭激烈的遊戲市場上，幾乎每天都會有新遊戲上市發佈，如果要保證產品能夠吸引玩家的眼球並讓其願意購買，就必須由銷售部門加以宣傳和推廣。

通常大型遊戲公司才會擁有專門的銷售部門，小型遊戲公司由於人力規模和資金成本的限制，主要依靠與獨立發行商合作銷售。在遊戲公司銷售部門中，有一個高層銷售管理人員，一般稱為銷售經理，他擁有遊戲市場的決策權，在很大程度上影響著銷售的銷售狀況。其實在遊戲行業內有一個通行做法，如果零售商將遊戲放在貨架上，因為銷量不佳而退回時，就可以從發行商那裡得到全部退款，而發行商要獨自承擔所有的風險損失。因此銷售經理需要制訂出各種不同的銷售方案和銷售預算來應對這種可能出現的財政狀況。

銷售人員在銷售經理的領導下工作，主要負責與零售商進行談判，以獲得一份遊戲代理協定（或者是進貨合同）。由於他們與外界接觸交流頻繁，為了維護遊戲公司的形象，也常被稱為銷售經理，但這與銷售部門主管是完全不同的概念。

在網路遊戲中，傳統的遊戲銷售管道不復存在。銷售人員面對玩家人群，主要透過遊戲產品宣傳和推廣來吸引玩家的注意，讓盡可能多的玩家為遊戲掏腰包，並盡可能延長遊戲在市面上的存在時間，這樣就可以獲得更大的銷售額和利潤。

除了銷售任務外，銷售人員還負責遊戲相關產品的深度開發，設計製作遊戲產品包裝及宣傳材質，對遊戲市場進行調研，統計分析銷售數據，徵集玩家的回饋意見，維護遊戲公司外部形象，開展商務合作與交流等工作。

（4）運營人員

遊戲運營實際上是伴隨網路遊戲而生的新名詞。在網路遊戲出現以前，單機遊戲從開發到銷售的商業模式和大多數電腦軟體產品在本質上並沒有什麼不同。簡單地說，玩家在購買單機遊戲後，就不再與遊戲開發商產生任何聯繫。只有當遊戲公司發佈升級補丁時，玩家才會享受到遊戲公司的售後服務。而網路遊戲由於其技術結構決定了只要玩家線上遊戲，遊戲公司就需要時刻進行服務，於是遊戲運營部門應運而生。

網路遊戲發展初期，遊戲公司只負責製作遊戲，遊戲運營全部交給遊戲代理公司。隨著網路遊戲產業鏈結構調整，這種情況有所改變。目前大多數遊戲公司都擁有自己的遊戲運營部門，它的內部又可分為技術支援、客戶服務等子部門。技術支援部門為遊戲運營提供保障，主要負責搭建伺服器系統平台、保障伺服器硬體正常運行、備份遊戲資料、製作遊戲補丁及進行遊戲的安全更新升級、監控玩家資料及作弊行為、修復重大遊戲 Bug、客服網站和論壇日常維護等工作。

技術支持部門如果有無法解決的技術問題，需要向遊戲研發部門回饋並進行改進。

客戶服務部門是遊戲公司與玩家之間的聯繫紐帶，它負責為消費者解答在遊戲中遇到的問題，把玩家意見和投訴反映至相關部門處理，並及時將公司動態及遊戲資訊傳達給用戶，為遊戲公司及遊戲產品樹立良好的形象。遊戲客服部門設客戶經理一名，客服助理、客服組長、客服人員若干名，遊戲客服人員通常是遊戲公司中數量最大的工作團隊。

遊戲客服人員根據是否在遊戲中為玩家提供服務，分為離線客服與線上客服兩種類型。離線客服主要負責接聽電話、處理傳真和郵件、接待來訪玩家、更新遊戲主頁、接收玩家的意見反饋、管理論壇資訊、測試遊戲性能、測試外掛與私服、收集市場資料等。線上客服也稱遊戲管理員，主要負責維護遊戲上線秩序、組織線上活動、處理線上問題、監視服務狀況等。

（5）管理人員

管理人員數目因遊戲公司的規模而不同。在中小型遊戲公司中，管理人員可能只有 1～2 名，甚至由遊戲研發人員兼任，他們不僅要管理各項商業事務，還要參與遊戲具體製作。而在大型遊戲公司中，管理人員不但人數眾多，還具有複雜的人事結構，通常以董事會的形式參與公司日常管理，但他們大多數不直接參與遊戲開發。管理人員的職位名稱在不同遊戲公司可能有所不同，即使是相同的職位名稱，其實際職能往往也並不一樣。

管理人員按照行政級別可以分為經理（首席執行官）、部門總監（主管）、專案經理（製作人）等。按照工作職能可以分為財務總監、行政總監、市場總監、運營總監、設計總監、藝術總監、技術總監等。

第二節 遊戲設計開發流程

一、預生產

預生產是遊戲開發過程中的規劃階段，主要任務是遊戲設計和文檔製作。（圖 6-2-1）

每個遊戲都始於一個優秀創意。遊戲策劃人員首要先要確定遊戲主題，之後向遊戲公司管理者提交一份設計意向書，其中應包含遊戲故事、遊戲可玩性、遊戲功能、遊戲市場分析、開發速度、開發人員和開發預算等，多利用圖片展示來描述遊戲往往會更加吸引人。通常遊戲創意只是一個提案，要在與開發團隊及其他成員交流後進行多次修改。

當設計意向書審核透過後，遊戲策劃團隊要對設計意向書進行細化，製作出完整的遊戲策劃文檔（GDD），包括遊戲背景、角色、機制、各種名詞解釋等。遊戲策劃文檔的編寫一定要考慮到遊戲公司的技術實力，如遊戲引擎的功能和特性，否則再好的設計也無法實現。根據遊戲類型的複雜程度，遊戲策劃文檔製作大約需要 3～6 個月。

遊戲策劃文檔完成後要分別交給遊戲程式團隊和遊戲美術團隊進行詳細設計。

遊戲程式團隊根據遊戲策劃文檔要求，編寫技術規格說明書（ADD），確定遊戲中哪些功能

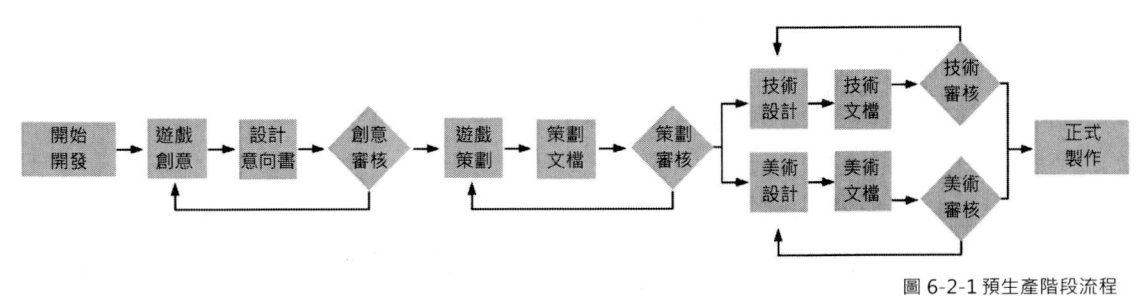

開始開發 → 遊戲創意 → 設計意向書 → 創意審核 → 遊戲策劃 → 策劃文檔 → 策劃審核 → 技術設計／美術設計 → 技術文檔／美術文檔 → 技術審核／美術審核 → 正式製作

圖 6-2-1 預生產階段流程

可以實現，哪些功能無法實現；是自主研發遊戲引擎，還是購買協力廠商遊戲引擎。技術規格說明書可以很好地控制遊戲軟體品質，降低遊戲專案的開發風險，提高遊戲後期的維護升級效率。技術規格說明書的製作大約需要幾個月的時間。

遊戲美術團隊根據策劃文檔要求，編寫美術規格說明書（ADD），對遊戲設計的美術要求進行分析和說明，其主要內容是確定美術任務分工、美術風格、美術工具及格式等。

以上三份設計文檔全部製作完成並透過審核後，遊戲設計方案最終定型，預生產階段結束。為了減小後期遊戲設計更改給開發工作帶來的負面影響，此時可能需要開發一個遊戲原型來進行測試，看"遊戲半成品"運行效果是否和遊戲策劃文檔的預期相符。遊戲原型需要在遊戲正式制

二、正式製作

正式製作是遊戲研發過程中的生產階段，也是整個開發流程中週期最長的階段，主要任務是創作遊戲資源和編寫遊戲代碼。

在明確了做什麼和如何做之後，遊戲開發團隊全體員工都將投入滿負荷工作的狀態中，程式員要創作遊戲開發工具、程式設計實現遊戲模組、整合各種遊戲資源；美術人員要創作 2D 圖像和 3D 模型；作曲人員要開發音樂、音效；策劃人員要在整個製作階段繼續遊戲設計，如創作關卡和對話；測試人員要對遊戲進行內部測試以驗證遊戲的正確性、合理性與趣味性。雖然這個過程非常艱辛，卻是一個激動人心的階段，因為我們可以看著遊戲從紙上成形為玩家的遊戲。

在規模較大、週期較長的遊戲專案開發中，遊戲公司為了合理分佈開發工作量，減少開發進度延誤，通常將生產過程劃分為四個階段，依次為演示（Demo）、內部測試（Alpha）、外部測試（Beta）和發佈（Release），每個階段都有不同的工作目標和任務。

1. 演示

這個階段的任務是製作第一個遊戲可運行版本，吸引遊戲投資方的資金支持。遊戲 Demo 體現了遊戲開發團隊的技術實力，具備了遊戲的主要功能特性，因此經常被用來作為演示遊戲的手段。遊戲發行商透過遊戲 Demo 的畫面效果和遊戲可玩性來判斷遊戲產品的商業價值，並透過它來估算整個專案的開發費用。此外遊戲 Demo 的開發週期也反映了遊戲開發團隊的管理能力，有利於合理控制遊戲開發進度。如果遊戲 Demo 被遊戲開發商認可，遊戲產品就進入了真正的開發階段。

2. 內部測試

這個階段的任務是製作遊戲基本框架，進行內部測試。這是遊戲核心開發人員最忙碌的時期，一般要持續 4~5 個月。此時遊戲底層開發工作需要全部完成，以免在後續開發過程中出現重大技術問題以致延期或專案失敗。在這個階段，美術、程式和策劃人員需要共同努力完成遊戲基礎工作。遊戲藝術團隊要創作出一些基本的美術和聲音資源供遊戲引擎使用；遊戲策劃團隊需要配合程式和美術人員，提供詳細的遊戲設定；遊戲程式團隊要製作遊戲編輯器，為其他後續人員開發提供高效率的工具。當這些主要技術工作都完成後，就形成了遊戲最初版本，它具備了遊戲關鍵功能和特性，可以在遊戲公司內部進行小範圍測試。遊戲 Alpha 版穩定性較差，遊戲開發團隊要查找、修復遊戲中的重大錯誤（Bug），添加、改進和刪除某些遊戲功能。

3. 外部測試

　　這個階段的任務是製作遊戲內容，進行外部測試。這是遊戲公司中各個遊戲開發崗位最忙碌的時期，一般也要持續 4～5 個月。如果加上遊戲內容製作，開發週期甚至要超過 1 年。此時游戲質保人員和測試人員透過對比設計方案，對 Alpha 版中可能存在的缺陷進行測試並回饋給開發人員。他們除了要對遊戲難以實現的各種功能進行測試，還要檢查影響遊戲平衡性的不合理設定。與此同時，遊戲公司往往會集中招募大量遊戲美術師、關卡設計師、邏輯程式師和音效設計師等人員加入遊戲開發團隊，用以投入遊戲內容批量製作。雖然遊戲核心開發人員不參與這些制作任務，但要對最初的遊戲設計方案隨時進行調整，並負責對測試中發現的問題進行修正（圖 6-2-2）。

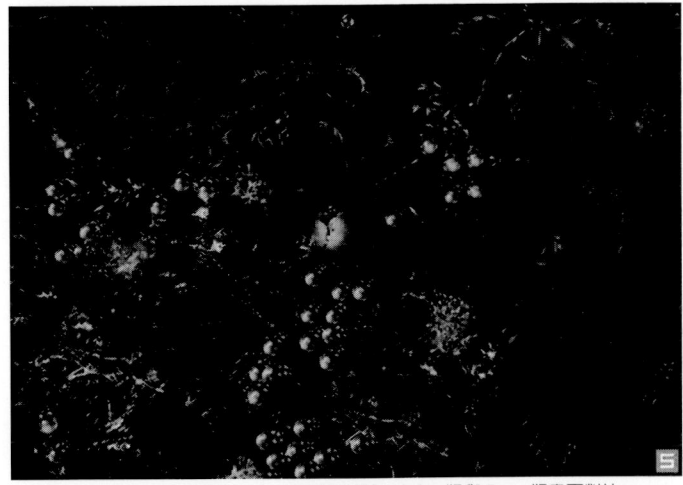

圖 6-2-2 《星際爭霸》Alpha 版與 Beta 版畫面對比

在Beta版製作過程中，遊戲開發人員會忽略很多無法發現的細節問題。因此很多遊戲公司采用外部測試的形式，讓遊戲目標客戶參與產品測試，以遊戲玩家的角度對遊戲美術風格、操作界面、參數設定等問題提出建議。在網路遊戲大規模公開測試中，為了便於遊戲運營商管理遊戲，以及對遊戲產品自身的問題進行統計，遊戲公司還會要求開發一些配套的管理工具，包括最高在線人數統計工具、遊戲線上管理工具等。

在完成外部測試後，遊戲產品就已經基本定型，這就意味著遊戲離最終發行不遠了。

4. 發佈

這個階段的任務是進一步完善遊戲細節，為正式發佈遊戲做好準備。在遊戲最終發佈之前，遊戲中所有的錯誤都要被及時修正，用戶文檔、版本號、安裝程式、補丁等都要製作完成，還要經過比 Beta 版更加嚴格的功能測試、用戶測試和平衡性測試。當這些工作全部完成後，一個功能完整、沒有已知缺陷、達到交付標準的 Release 版就形成了，剩下的工作就是將遊戲壓盤發行。遊戲發佈是遊戲生產的最後一個環節，所有的遊戲開發人員都要為了遊戲在預定開發週期內完成工作任務而連續加班，同時這也是遊戲開發團隊最為欣喜的時刻。

三、後期處理

遊戲後期處理與電影行業有著明顯不同，它是遊戲生產週期中歷時最短的階段。遊戲開發商的主要任務是遊戲維護和升級，由於遊戲軟體的複雜性和遊戲平台的多樣性，很難保證出售給玩家的每份遊戲拷貝都能夠按照預期設計完美運行（即使遊戲發行前經過了嚴格測試），因此遊戲開發團隊應及時發佈遊戲補丁，解決遊戲上市後發現的缺陷，調整遊戲平衡性。在遊戲發售後，遊戲開發團隊為了刺激遊戲銷量增長，還會推出下載包，對遊戲內容進行擴展，如增加新地圖、新道具、新遊戲模式等，使得遊戲軟體的生命力更加持久。有些遊戲公司還會提供地圖編輯器、關卡設計器等工具使資深玩家自行二次開發。此時遊戲公司也會根據市場銷售情況，考慮下一代遊戲產品開發技術。

這個階段對於遊戲發行商可能是最忙碌的，他們要批量複製光碟、設計產品包裝等。由於遊戲的最大銷量通常發生在遊戲發行後的最初 90 天，他們還要為遊戲上市做大量宣傳和推廣工作。網路遊戲運營商，還要為遊戲上線招募大量客服人員和遊戲管理員。

第三節 遊戲開發的未來與展望

在科技日新月異、一日千里的今天，遊戲產業已經步入了群雄逐鹿的時代。遊戲中融入了電影、音樂、文學等藝術形態，創造出一個新的繁榮世界。不過，值得我們思考的問題是：遊戲將面臨什麼樣的未來？在遊戲玩家的推進中，它又將呈現出哪些色彩的夢幻世界呢？

一、遊戲類型的突破

遊戲產業界的界限日漸模糊，玩家會為了電子遊戲的優劣性爭得你死我活。例如：玩家還在討論究竟是"即時戰略"遊戲較好，還是"第一人稱射擊"遊戲好？究竟哪一個最具代表性、能引領潮流的發展方向？這種議題在網路上經常被討論得不亦樂乎。事實上這屬於遊戲產業尚未步入成熟階段的正常現象。

從當初最為牽動遊戲產業神經的任天堂 Wii 與微軟 XBOX 360 計畫來看，未來的遊戲平台將打破 PC 與 TV 的界限，進而成為另一種集遊戲功能播放器、網路瀏覽與互動電視於一體的多媒體平台。

　　近幾年，PC 遊戲與 TV 遊戲的相互移植越來越頻繁，從玩家良好的反映與可抑制作品的銷售量來看，兩者之間的技術基礎已經越來越成熟了，所以遊戲產業的界限也慢慢地消失於無形之中。雖然它們在相容性等方面還有待進一步商榷，但是 PC 遊戲與 TV 遊戲實現統一是遲早的事。這方面典型的是 Blizzard 公司推出的《魔獸爭霸 3》（圖 6-3-1）遊戲，它完全突破了 RTS 類 遊戲的傳統理念，並引入大量的 RPG 要素，例如，以擁有特殊能力的英雄來 指揮隊伍作戰，取代了原有的建築物補給概念。實際上，遊戲類型領域的突 破好像萬花筒一樣，彼此間相互組合變幻萬千，這也讓玩家感受到另外一種 色彩繽紛的虛擬世界。

圖 6-3-1 《魔獸爭霸 3》

二、遊戲網路化

1997年，美國藝電（EA）公司設計發行了《網路創世紀》（Ultima Online）聯網遊戲。新鮮之餘，玩家仍然對網路RPG的遊戲理念感到陌生。而現在網路遊戲的腳印已踏在遊戲產業的每一寸土地上，這不僅開闢了另一個熱門遊戲的討論話題，而且就連幾家著名的遊戲軟體廠商也開始陸續跟進。網路化是遊戲技術發展的趨勢，就連XBOX 360與PS3等遊戲平台也都在爭奪網絡遊戲的這塊"肥肉"，所以PC上的遊戲就更沒有理由錯失網路化的機遇。

暫且不談網路RPG如日中天的力量，從其他類型的遊戲網路來看，幾家著名的遊戲廠商都開始大張旗鼓地進行了。網路遊戲是玩家的福音，也是遊戲廠商獲得利潤的源泉。其實，電腦遊戲就是人與機器之間的互動，而遊戲網路化就是在以網際網路為媒介的基礎上構成的人與人之間的互動。

遊戲朝著網路化的方向發展，其實也是朝著人與人之間互動的方向邁進，所以在不久的將來，傳統遊戲依賴幾十年的遊戲要素（如人物對話劇本和NPC等）就不會再成為構成遊戲的必要條件了。在一個完全交互的網路遊戲中，玩家可以扮演任何類型的角色，體驗任何角色的生活狀態，這就是網路遊戲所要達到的效果，遊戲制造者只要提供劇情的大環境、世界觀與時代背景廣義條件，玩家就可以任意馳騁在這一片天地之間。

三、多重感官刺激

現今的遊戲玩家已經不再滿足於使用鍵盤與滑鼠的操作模式了，他們追求的是視覺與聽覺的感受是否能更上一層樓，越來越多的遊戲正朝著高感官領域邁進。例如，觸覺感受、運動感受，甚至味覺感受與嗅覺感受等，這些都是將來遊戲要努力的方向。例如，玩家們熟悉的力回饋手柄、方向盤和街機遊戲，如在跳舞機遊戲中，玩家只要在主機的踏板上踩出一系列的節奏，遊戲中的虛擬人物就會依照玩家肯定會面對更先進的VR設備，例如數位神經系統，它可以將我們帶進虛擬的遊戲世界中，而玩家也能夠在遊戲中扮演主角，此時再來玩"惡靈古堡"之類的遊戲一定會被嚇破膽。

四、遊戲的虛擬實境

在現在的遊戲中，玩家都想在遊戲中追求真實性，因此遊戲的虛擬實境就成為遊戲製造者想要達到的目標，也是玩家們所期待的，更是遊戲產業繼續向前邁進的原動力。如果說過去的對真實性的評判標準是來自於遊戲中3D模型網路數目的多少、畫面色調的豐富與否、陰影的變化是否真實、紋理貼圖是否細膩等因素，那麼未來遊戲就在於構建其真實的內涵上。

僅僅就一個角色的面部而言，能夠像TECMO公司推出的《生死格鬥3》（Dead OrAlive3）遊戲那樣，用3D伸縮技術呈現真實的面部表情（Facial Animation），這在過去是無法現實的，所以真實性就是我們所要努力的目標。

在E3電玩展中獲得"最有希望遊戲"大獎的作品《星河騎兵》（Halo）中，我們可以看到以"虛擬實境（VR）"為終極目標的多種技術的完美結合，如倒轉運動原理、多路紋理繪圖、多面體比例縮放、等積光影、圖元反射以及重力、風力、風向等現實因素的模擬。我們相信，在未來的遊戲世界裡，VR依然是一種努力目標，是接近現實的夢想。

第四節 遊戲策劃實戰演練

一份好的遊戲策劃書是製作一個成功遊戲的第一步。遊戲策劃書不只是寫給老闆看的，同時也是遊戲開發掌舵者的導引圖鑑，策劃人員可以在遊戲總監的指導下來撰寫，在撰寫前要考慮的內容包括遊戲內容、開發進度、美術品質、系統穩定度、市場感受等。團隊其他成員透過策劃書來瞭解遊戲的開發內容與目標，策劃書的內容涵蓋遊戲概念、功能、畫面的面熟、市場分析與成本預算等。特別是成本預算這一塊，一定要考慮周全。一般來說，軟體發展成本最高的就是人工費，遊戲開發也不例外。製作遊戲的成本一般包括下列幾種。

（1）軟體成本：遊戲引擎、開發工具、材質與特殊音效資料，有時候某些開發工具可以選擇租賃的方式來節約成本。

（2）硬體成本：電腦設備、相關週邊設備，以及一些特殊的 3D 科技產品。

（3）人員成本：這部分最耗費成本，隨開發週期的延後，成本會大幅增加。人員成本包括策劃團隊、程式團隊、美術團隊、測試團隊、音效團隊、行銷廣告等人員的薪資，以及外包工作的薪資給付。事實上，一般的音效製作多採用外包的方式，目前許多遊戲的美工設計部分也採用外包的方式。

（4）行銷成本：遊戲廣告（電視、雜誌）、遊戲宣傳活動、相關贈品製作。

（5）其他成本：辦公用品、差旅費、雜誌或其他技術參考資料的購買。

本節就來介紹如何準備一份遊戲專案的策劃方案。專案背景假設某一專業遊戲設計公司要開發一套新款線上遊戲，需要提出一份完整策劃案。在撰寫之前，我們要先瞭解一下當今線上遊戲的市場狀態。

策劃團隊將目前線上遊戲連線機制劃分為兩大類：一是局域網遊戲（Network Game），這種連線的遊戲機制是由某一玩家先在伺服器上建立一個遊戲空間，其他的玩家再加入該伺服器參與遊戲，目前此類遊戲產品以歐美遊戲軟體居多，如在網咖一直火爆的線上遊戲《反恐精英》及《帝國時代Ⅱ》系列（圖 6-4-1）；二是網路遊戲（Online Game），網路遊戲目前在亞洲地區極為流行，它主要強調虛擬世界的構建及社群管理，目前較為流行的代表作有《天堂》（圖 6-4-2）及《魔獸爭霸 Online》。

圖 6-4-1 《帝國時代Ⅱ》

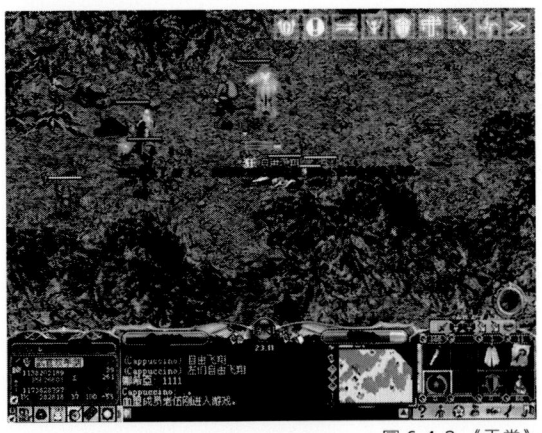

圖 6-4-2 《天堂》

一、開發背景

在 RPG 充斥於線上遊戲市場的情況下，在線遊戲仍有開發空間，但由於社群所造成的市場壟斷，除了排在前三名的遊戲外，其他新遊戲幾乎全軍覆沒。鑒於此，本遊戲將以類似《帝國時代》的即時 SLG 形式的線上遊戲，並融合《轟炸超人》等動作型遊戲的優點，營造出一個容易上手同時又可享受領軍廝殺快感的"可愛"世界。本遊戲的特點是：緊張刺激的戰鬥模式，以便在男性玩家市場取得一席之地；除此之外，遊戲又以可愛爆笑等特色來吸引女性玩家及小朋友的目光。若配合舉辦定期及不定期的比賽，將對此市場的拓展有所幫助。

二、遊戲機制

玩家在遊戲開始時僅擁有一座農舍和一小筆錢，最終目標是成為一個牧場經營者。在遊戲進行過程中，玩家必須在有限的經費下，先將牧場所需的土地用圍欄圍起來。接下來得種植牧草、開闢牧場進行牛、羊的養殖，以賺取擴大牧場的經費。而在經營過程中，其他玩家也在擴張他們的牧場，所以為了爭奪有限的資源及防止其他玩家成為最大的牧場主，玩家必須對對手採取一些破壞手段，如購買割草機破壞對手的牧場、雇傭獵人獵殺對手的牛羊、設置陷阱等。

另一方面，為了阻止對手進行破壞，玩家也要做出相應的防禦措施，例如：製作稻草人進行定點防禦、養狗進行牧場週邊陷阱的解除等。除此之外，遊戲中還會不定期地出現怪物來破壞牧場或天災降臨牧場。經過一陣"爆笑"打殺後，在設置的時間結束時，再來清點牧場的定額"財產"，作為玩家的最終成績。

三、遊戲架構簡介

遊戲內容將採用 Network Game 的連線機制及 2D 斜視角的場景系統，構建一個接近瘋狂的虛擬世界。在這種架構下對武器進行切割，以八個玩家為一個單位，開闢一個遊戲室。可由第一個進入遊戲室的玩家設置遊戲條件，包括遊戲時間（20 分鐘、30 分鐘、40 分鐘等）、決勝條件（積分制、資產制、牛羊總數及最高遊戲單位數等）。

遊戲開始時玩家必須先選擇自己要扮演的角色，也就是在遊戲中出現的牧場主。然後在服務器清單中選擇自己喜歡的遊戲室，進入遊戲準備階段，這時玩家可以選擇是否與其他人同盟以團體作戰的方式進行廝殺。

當該遊戲室中玩家人數達到八人或等待時間結束時，遊戲即宣告開始。玩家此時必須根據決勝添加，或與其他玩家建立同盟，或者孤軍奮戰，其目的都是設法擴大自己的牧場版圖、增加收入，並儘快組建戰鬥單位以進行防禦或攻擊。但需要注意的是，在遊戲時間結束前，玩家必須根據決勝條件調整自己的生產狀況，否則就算將其他玩家打到僅剩一兵一卒，也不一定是贏家。

四、遊戲特色

為了達到在短時間內取勝的目的，遊戲採用了較簡單且快速的生產機制，強調速度感及刺激感，讓玩家一面從事生產，一面忙於對付來自計算機或其他玩家的襲擊。另外，遊戲中所有的物件將以 Q 版的方式進行設計，動作也將朝著好玩、爆笑的方向進行設置，所以玩家在忙於經營自己的牧場之餘，也會禁不住莞爾一笑。

遊戲提供了 ICQ 的功能，玩家在進入連線遊戲後，可根據設置條件進行特定玩家的搜索，還可以通知已經上線的其他玩家並與之對話。如此一來，玩家只要記住朋友或"仇家"的帳號，只要他（她）線上，就可輕易地"召喚"他（她）相約一同作戰或一決高下。另外，在玩家所進遊戲室滿額（即已有八個玩家進入）或已經開戰的情況下，可與同在遊戲室中的其他玩家聊天，認識一些來自四面八方的對手或朋友。其遊戲特色簡要介紹如下。

（1）本遊戲將現有即時戰略類遊戲（SLG）的繁雜體系加以簡化，縮短各單場戰鬥的時間，並將血腥暴力的戰鬥場面改用逗趣的方式呈現，進而將遊戲的重點鎖定在遊戲流程的緊湊性與趣味性上，使之有別於現在流行的 RPG 的複雜遊戲架構及無趣而血腥的戰鬥方式。

（2）本遊戲將提供單機版的遊戲方式，讓玩家在新手階段可以自行與電腦 AI 對壘，避免一上線就被對方輕易 PK 掉了。

（3）本遊戲提供 ICQ 的功能，除了能讓玩家於"茫茫人海"中尋找朋友或"仇家"對壘遊戲外，還可以在不想玩遊戲時，轉換成一般的 ICQ 使用。

（4）額外提供聊天室的功能，申請通過後，玩家在疲勞之餘，可輕鬆地認識志同道合的朋友。

（5）開放玩家申請組隊功能，申請透過後發給正式的團隊帳號，團隊還可以擁有專屬的隊徽，隊徽可在遊戲過程中出現在該隊員的屋頂上。已認領隊伍成員可享受優惠，並可直接在線向 GM 申請特定時段的遊戲室使用權，以方便進行隊伍間的友誼賽。玩家還可以透過 GM 的安排，針對申請比賽的隊伍進行配置，並通知已認領隊伍進行團體友誼賽。

五、遊戲的延續性

在遊戲的設計階段，以模組方式對程式及數據進行設計，有助於遊戲在將來更好地擴展。

（1）定期推出地圖資料供玩家下載使用，面對不同的地形條件讓玩家永遠都有新鮮感。

（2）開放簡單的地圖編輯器，讓玩家參與地圖的設計。並定期舉辦地圖設計比賽，從參賽作品中選出有創意的作品，收錄到地圖資料中，讓玩家可以體驗自己設計的地圖，增加玩家對遊戲的參與度。

（3）推出幾次地圖資料後，做一次試收費的"主題資料"，玩家可改變本遊戲內的角色，例如，安裝"巴冷公主主題資料"後，玩家可以修建出更具民族風情的建築，玩家角色也可以變成巴冷公主或阿達裡歐。

六、市場規模分析

1995 年以前中國的網路遊戲尚處於萌芽時期，這一時期的單機版遊戲在國內已經形成一定的規模，並向連線版本遊戲過度，像《石器時代》和《萬王之王》這樣的網路遊戲屈指可數，並由於網路技術的原因，玩家數量一直過低。網路遊戲玩家只占 PC 遊戲或 TV 遊戲玩家數量的 0.02%。2001 年起，中國網路遊戲正式進入高速成長期，如《傳奇》《奇蹟》《魔獸世界》《大話西遊》這樣的經典網遊層出不窮，業內統計 2001 年至 2010 年這十年中平均每五天就有一款新的網路遊戲發佈。網路遊戲也逐漸佔據了遊戲市場的龍頭地位。在國內，網路遊戲玩家占所有遊戲玩家數量的 45%，已達到過億的人數。網路遊戲在這一時期已經呈現出相當大的盈利潛力和廣闊的發展空間。

2010 年之後，中國遊戲產業開始從引進代理向自主創新轉折過渡。不需要玩家安裝用戶端和升級補丁的網頁遊戲大行其道，這就使更多的玩家加入到網路遊戲的行列中來。但這類網頁遊戲大多是早年經典遊戲的移植版，依靠玩家對早年遊戲的懷念來搶佔市場。例如《全民奇蹟》《生死狙擊》《傳奇經典》等遊戲，就是在原有遊戲平台的基礎上植入新的道具模組和獎勵系統，從某種意義上來說更像是經典遊戲的"私服"。而這類遊戲占到所有網路遊戲的 73%。

但從 2008 年開始，以手機為用戶端的遊戲開始進入市場。眾多開發團隊蜂擁而至，2014 年，中國手機遊戲使用者規模達 4.62 億人，同比增長 3.1%。由於首次購買智慧手機的用戶數量不斷下降，手遊用戶增速也環比下降。經歷了 2013 年的高速發展後，中國手機遊戲市場的使用者規模已初步形成。對手遊開發商而言，未來使用者的獲取方式將從海量導入方式過渡為精準行銷階段。

專家統計，2014 年中國整體遊戲市場規模增長了 27%，這主要得益於移動遊戲的強勁表現(同比增長 77%)。而在今年，中國移動遊戲市場規模將達到人民幣 230 億元，占整體遊戲市場 21% 的份額，或 PC 遊戲市場 29% 的份額。從最近幾年的發展趨勢看，中國的互聯網遊戲處於高速發展期，用戶群在不斷擴大，這也正是開發互聯網、線上遊戲的黃金時期。

七、投資報酬預估

目前市面上的遊戲獲利模式主要採用"遊戲免費、連線計費"的方式，而連線計費方式又分為月費制和記點制兩種（後者平均獲利較高）。

我們採用月費制為主要（預估）獲利模式，假如市場平均收費為每月 100 元，並且設置"會員人數與同時上線人數"比為 20：1（以《天堂》及《金庸群俠傳 Oline》為參考標準），也就是按我們下面的估算結果，第一年將有約 15000 人"同時上線"，這樣的話至少要安裝 10 台服務器，若假設採用 IBM eserverX 系列高性能服務器（每台約 10 萬元），預計將支出 100 萬元。若以此為獲利預估基準，採取保守方式進行預測（會員吸收狀況僅以《天堂》及《金庸群俠傳 Oline》同時期的三分之一估算），獲利情況將呈現以下走勢。

1. 第一階段（第 1 個月~第 3 個月）

此階段屬於宣傳期，造勢活動於此時達到高峰，除需投入宣傳廣告經費（含平面、立體廣告、產品發表會、造勢記者會及聘用產品代言人等）外，另需提供試玩版光碟（約 1 萬片）及其他線上遊戲玩家（以公會、聯盟為優先物件），最終基本支出費用約為 800 萬至 1000 萬（若本公司美術部門兼具優秀的靜態平面及動態視覺廣告 設計能力，廣告可由本公司承包，這可以節省一 筆可觀的支出，當然廣告工作需要另立專案進行 規劃）。在此期間無大規模獲利的可能，呈現負 增長狀態，為遊戲的業務拓荒期。

2. 第二階段（第 4 個月~第 6 個月）

若第一階段切入時機合適，造勢手段得當，客源競爭順利及社群管理模式得到認同，第二階段可望進入遊戲的業務拓展期。保守估計會員人數將於第 6 個月達到 10 萬人，當月營業收入將有 100（元）×10（萬人）=1000（萬元），扣除宣傳廣告費（此時將可大幅縮小此項目支出）、上架費、相關硬體維護及遊戲管理的人事費用等支出,預計此階段將接近"當季損益平衡"狀態。

3. 第三階段(第 7 個月～第 9 個月)

若前兩個階段操作順利,此階段將進入遊戲的業務成長期。保守估計第 9 個月會員人數將達到 30 萬的營運目標,當月營收則有:

100(元)×30(萬人)=3000(萬元) 若以合理估算方式設置,第 7、8 月的當月營收總額將至少達到 3000 萬元,扣除宣傳廣告費、上架費、相關硬體維護及遊戲管理的人事費用等支出後,當季將至少有一半淨利,也就是獲利將超過 1500 萬元淨值。此時考慮整體損益狀況,研發經費、第一階段支出費用及部分硬體設施(含伺服器及線路)架設成本將可回收。

4. 第四階段(第 10 個月～第 12 個月)

若前三個階段運轉均按計劃進行,此階段將成為遊戲的業務穩定期。可望於第 12 個月突破會員人數 60 萬的營運目標,當月營收將有:

100(元)×60(萬人)=6000(萬元)

以合理估算方式推斷,第 12 個月時當月淨利超過 5000 萬元,意指營業收入總額中將有六分之五的淨利值。換句話說,當月淨利總額遠超過硬體設施架設成本,以整體損益狀況而言,此時可將所有成本回收,年度獲利狀況將因此呈現正增長。

5. 第五階段(第 13 個月～遊戲生命週期終結)

此階段將進入遊戲的業務高獲利期,各月的淨利均可超過當月營業收入的六分之五,也就是超過 5000 萬。

八、策劃總結

分析過現有的遊戲市場後,我們發現新的 RPG 市場由於遊戲類型與機制雷同,已趨向"強者恆強、弱者恆弱"的態勢,即便是新的遊戲進行客源競爭,仍不敵排行前兩名的《天堂》和《魔獸世界》。

現在切入線上遊戲市場,若仍一直跟著別人的腳步走,將永遠無法超越,甚至是屍骨無存。遊戲在開發市場的同時,必須具備新的思維與行動模式,預測接下來的市場發展走向,如此才能為自己創造出一片空間。所以我們有理由相信,只有注重研發遊戲的新形式與新概念,才能在遊戲市場中拼出一片天地,發現另一個線上遊戲市場的春天。

思考與練習

1. 遊戲在生產階段應產生哪些書面內容?
2. 簡述遊戲正式製作階段的主要流程。
3. 遊戲開發團隊在後期處理階段的主要工作有哪些?

第七章
精典遊戲設計賞析

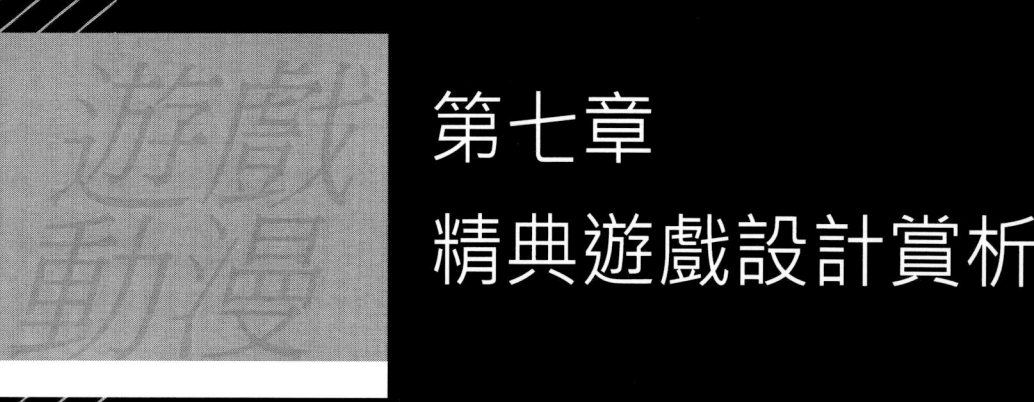

第一節 優秀遊戲作品的評判標準

法國著名雕塑家羅丹說："生活中從不缺少美，而是缺少發現美的眼睛。"作為遊戲專業人員，在學習遊戲設計時，一定要學會培養正確的審美觀，我們應該向真正的優秀作品學習，而不只是關注流行的人氣作品。本章挑選了兩款具有代表性的遊戲和讀者一起探討，並向讀者介紹一些遊戲的概念，以便於以後的學習與應用。

"什麼樣的遊戲是優秀的遊戲？"這似乎是一個簡單的問題，可是答案卻很複雜。很多人稱電子遊戲是第九藝術，雖然把遊戲提升到藝術高度，但遊戲始終是一種消遣方式，如同其他娛樂項目，遊戲永遠也不能脫離其主體，即玩家而獨立存在。因此獲得玩家的認可，獲得一定的市場佔有率（不含盜版）或者達到一定的銷售量才能算得上是一款優秀的遊戲。但是僅僅用市場佔有率或銷售量來評判遊戲的好壞顯然是不夠科學的，就像名車賓利的銷量不大，絕不是因為它不優秀，而是價格定位的原因。

評判遊戲作品的好壞需要考慮到遊戲開發圈的業界影響力。就像評選優秀電影一樣，遊戲界也存在"圈內專家叫不叫好""圈外觀眾（玩家）叫不叫座"的問題。雖然眾口難調，專家與玩家的主觀感受和立場不同，不過業界的獎項評定打分和玩家的評判標準大致都會考慮以下幾個方面。

首先是遊戲外在的表現手段，主要有：畫面、音樂、音效等。對於絕大多數遊戲，畫面是最重要的方面，因為精彩的遊戲畫面總會讓人躍躍欲試，而且畫面效果也是反映開發公司實力的一個重要因素。在本章的後面兩節將要討論兩件作品，前一款是誇張藝術風格的 2D 卡通畫面，後一款是寫實逼真的 3D 畫面，它們的風格鮮明，與其需要表現的主題搭配恰當，前者是輕鬆愉快的休閒類遊戲，後者是主題嚴肅的戰爭策略。至於音樂和音效等方面，目前各遊戲公司的實力差距體現不明顯。

其次是遊戲互動性，它包括兩個環節：玩家對操作設定的認同感以及遊戲世界給玩家的反饋。如果某款 FPS 遊戲，玩家按了發射按鍵，10 秒之後導彈還未點火，那將是令人沮喪的；或者某回合制策略遊戲提供了過於複雜的選擇功能表，這也會讓很多玩家無從下手。幸運的是，當前電腦硬體性能有了長足發展，並且電子遊戲歷史湧現出大量經典的遊戲操作設定可供借鑒，所以市面上絕大多數遊戲的操作設定上不再存在明顯的弱點。如果在遊戲操作設定中引入觸控式螢幕、觸摸杆、力回饋方向盤等外設上的創新，那麼在一定程度上還能增進玩家對遊戲的好感。互動性的另外一個環節即玩家所感受到來自遊戲世界的反饋，它是能否良好體現遊戲互動性的關鍵要點。本章所選的案例如《英雄連》就做得非常出色。關於這款遊戲的具體賞析，在本章第三節詳細介紹。如果是網遊的評判，還要考慮添加人與人的社會互動環節。

協力廠商面是遊戲規則，在有的書籍中也稱遊戲機制，因為遊戲規則約束著遊戲裡的一切。如果玩家發現某二戰題材的 FPS 遊戲畫面效果逼真，那麼他會很願意嘗試；如果發現自己中彈時螢幕會給出一陣紅光的回饋並且自己的行動也會變得遲緩，他會更加投入這個虛擬的遊戲世界中。但如果畫面中出現了這幾種情況：玩家角色可以自由上山下海、可以用手槍擊爆坦克...那麼他還會覺得這是一款好的遊戲作品嗎？也許一款科幻遊戲能讓人理解，而作為二戰背景遊戲是不可能被玩家認可的。所以一款好的遊戲必須建立在嚴謹的規則之上。任何不嚴謹的遊戲規則和漏洞都會降低玩家對遊戲的認可和熱情，由此可見遊戲規則的重要性。

以上三個方面，適用於任何遊戲。但要注意遊戲所構建的虛擬的環境並不一定是虛擬人類現實生活的環境。如孩子就更喜歡《玩具總動員3D》那樣的卡通環境。

第四方面是遊戲的劇情和主題。不過不同於以上三個方面的是能否適應全體遊戲，它對於評判 RPG、AVG 這類遊戲至關重要。對於這類型的遊戲，劇情就像是遊戲的靈魂，不僅用來交代遊戲的虛擬環境，還要推動遊戲的進行。好的劇情會加強玩家的遊戲代入感，增加遊戲的內涵，如同一部精彩的小說。所以劇情的好壞，有時候在一定程度上左右著玩家對遊戲的整體印象。但是對於 ACT 遊戲、SPT 遊戲，擁有好的劇情和主題僅僅是錦上添花。本章第二節的《植物大戰僵屍》是一款休閒益智的遊戲，去掉中規中矩的保衛家園的劇情，也不妨礙玩家體會幽默的情景；第三節介紹的《英雄連》是一款二戰策略遊戲，雖然遊戲提供了劇情闖關模式，劇情也確實感人，但是其最出色的賣點還是在於優秀的遊戲規則設定。限於篇幅，此處不過多討論遊戲劇情創作的知識，希望讀者更多關注遊戲的整體設計、藝術設計創作、遊戲規則設計、遊戲開發技術等方面。需要特別指出的是，具有歷史背景和文化氛圍的遊戲本身就具有深遠的意義。戰爭與文明是電子遊戲創作永恆的主題。

鑒於以上幾方面，我們在眾多優秀遊戲中挑選了《植物大戰僵屍》和《英雄連》兩款遊戲和讀者共同賞析。在《植物大戰僵屍》中我們主要討論它在商業上獲得的成功及玩家體驗，而在《英雄連》中我們主要討論它給遊戲創作者們帶來了哪些啟示。

第二節 《植物大戰僵屍》（益智遊戲）

《植物大戰僵屍》（Plants vs.Zombies）是 PopCap Games 公司在 2009 年 5 月發售的一款益智策略遊戲。它不但有支援 Windows 作業系統的 PC 版，還有支援 Mac OS X 及 iPhone OS 系統的版本。玩家需要種植多種不同功能的植物來快速有效地把僵屍阻擋在入侵花園的道路上。不同的敵人、不同的環境，構成了豐富多彩的遊戲模式，加之夕陽、濃霧以及游泳池之類的障礙，更增加了遊戲的挑戰性。

這一遊戲被翻譯為中文、日文等多國文字，風靡全世界，深受辦公室白領一族的喜愛。很多被採訪的辦公室白領表示："由於工作繁忙，沒有太多時間去玩《魔獸世界》這類大型網遊。這款遊戲體積小，只需隨身碟就能裝下，帶到辦公室不惹人注目。" "遊戲非常耐玩，需要開動腦筋。" "別看是款小遊戲，裡面的智慧卻非常大，你要像個將軍一樣排兵佈陣，才能抵禦僵屍的進攻。" "工作一天，玩幾個關卡像進行了一場腦力激盪，很有益處。"

很多愛上《植物大戰僵屍》的學生玩家則說："現在的大型網遊都是無盡的砍怪升級，讓我們陷入了重複簡單的機械操作中去" "網遊的世界就是個名利場，有時候會感覺不是人在玩遊戲，而是遊戲在玩人，花錢買虛擬裝備簡直是個無底洞。" "這遊戲讓我回到了小時候玩街機的那種單純的快樂。"

據統計，僅僅 iPhone 平台的便攜版，在首發 9 天內就獲得了超過 100 萬美金的收益。該遊戲單價 9.99 美元，這意味著被下載了 10 萬多次，每天平均被付費下載 9000 次，其銷售量讓很多號稱投資上億元的 3D 遊戲商大為汗顏。其實 PopCap Games 公司的業績並非偶然，前幾年風靡一時的《寶石迷陣》《祖瑪》也是該公司休閒益智遊戲的代表作。

《植物大戰僵屍》的成功表明，即使讓玩家利用零散時間玩輕鬆簡單的小品級遊戲也能取得驚人的商業成績。

總之，《植物大戰僵屍》是一款既叫好又賣座的遊戲。其成功之處值得遊戲開發商、遊戲設計者和讀者去研究和學習。

2D 遊戲從來就不乏經典之作。無論 FC 的《超級馬利歐》，還是《植物大戰僵屍》，在開發技術上都談不上 "高精尖"，它們之所以成為經典主要在於精湛的創意。

《植物大戰僵屍》雖然是一款休閒益智類型的遊戲，但它所包含的內容卻極其豐富。遊戲目錄列出了七條遊戲選項：一是 "劇情關卡"，二是 "小品遊戲集錦"，三是 "解密"，四是 "生存"，五是 "建設靜謐花園"，六是 "圖鑒資料欣賞"，七是 "商店"。下面就和讀者分享一下其中的精彩創意。

遊戲的主線是多達 50 個冒險劇情關卡，從白天到夜晚，從房頂到游泳池，多種不同的場景表現出了美國家庭的別墅生活。（圖 7-2-1、圖 7-2-2）50 種功能強大，互不相同的植物，可供玩家排兵佈陣。這些植物角色的設計既體現出製作人豐富的想像力，也體現出了製作人豐富的生活經驗。比如，把向日葵塑造為提供太陽能的經濟作物，把玉米塑造成最具威力的終極武器。（圖 7-2-3）26 種不同的僵屍敵人，包括橄欖球運動員、開車子的駕駛員、乘坐氣球從天而降的僵屍等。（圖 7-2-4）如何對抗這些特色各異的敵人也使得遊戲更具有挑戰性，如用磁鐵可以吸走橄欖球運動員的頭盔，仙人掌刺可以刺破氣球等。

圖 7-2-1　《植物大戰僵屍》遊戲中泳池場景設計

圖 7-2-2 《植物大戰僵屍》遊戲中夜晚場景設計

圖 7-2-3 《植物大戰僵屍》遊戲中植物設計

圖 7-2-4 《植物大戰僵屍》遊戲中僵屍角色設計

"小品遊戲集錦"由很多益智解謎遊戲組成，如打地鼠、老虎機等。"解謎模式"和"生存模式"是這些關卡的回味體驗。

　　再來看看似乎比較簡單的後三個選項。"圖鑒欣賞模式"是把遊戲中可供種植的植物和僵屍敵人做一個總結。這個模式的出現並非首創，在1987年的2D遊戲《伊蘇》中就提供了道具收集圖鑒。本遊戲的圖鑒加深了遊戲的幽默氛圍，如把一代舞王傑克遜設計成舞王僵屍等（圖7-2-5）。"商店"更是許多RPG出售裝備道具必備的設定。遊戲中的店主"瘋狂的戴夫"是玩家的鄰居，他可以給玩家一些參考意見，推動故事情節。很多玩家還專門整理了"戴夫語錄"當笑話看。"靜謐花園"是完全創新的設計，在激烈的通關之餘，玩家可以養養花草，進而放鬆心情，修身養性。種植植物也能讓玩家有所收獲，如得到一些金幣。

　　細節決定成敗。對於一款好遊戲，細節的刻畫很能反映創作者的誠意。玩家也正是在細節中得到了很多玩遊戲的訣竅，如在禪境花園給智慧樹澆水、施肥等。

圖7-2-5　《植物大戰僵屍》遊戲中舞王傑克遜僵屍角色設計

第三節 《英雄連》（即時策略遊戲）

《英雄連》於 2006 年推出，之後就榮獲 IGN E3 2006 最佳策略獎（亞軍是《中世紀Ⅱ：全面戰爭》），並被業內認為是遊戲史上最出色的即時戰略遊戲。《英雄連》獲得了 37 個遊戲大獎，其中包括 6 個"年度最佳 PC 遊戲"獎項和 12 個"年度最佳策略遊戲"獎項，也是全球首款為支援 Windows Vista 作業系統而開發的 3D 遊戲。2009 年 4 月發佈的第二部資料片《英雄連：勇氣傳說》輝煌繼續，榮登十幾家專業媒體評出的"十佳遊戲"榜單。

《英雄連》（圖 7-3-1）是以第二次世界大戰為題材的即時策略遊戲。在劇情模式中，玩家從 1944 年的諾曼地登陸開始，扮演率領一支作戰連隊的指揮官，參加諸多以真實戰役為原型的戰鬥任務，與敵軍展開激戰。

Rtainment 對於玩家來說並不陌生，因為該公司就是憑藉《家園》《戰錘 40K》等大受好評的策略遊戲而聲名鵲起的。在即時策略遊戲（即 RTS 遊戲）開發圈內，暴雪公司的《星際爭霸》《魔獸 3》都曾被認為是難以逾越的高峰，很多經典設定被其他 RTS 遊戲借鑒，可謂影響深遠。但是勇於進取的 Relic 公司簡化 RTS 舊有的"資源採集"等模式，採取更優秀的 AI 設定和交互的物理環境系統，這也是未來即時策略遊戲的發展趨勢。在《英雄連》中，Relic 將這種思想付諸實踐，詮釋了"次世代即時戰略"遊戲。

圖 7-3-1 《英雄連》——以第二次世界大戰為題材的即時策略遊戲

遊戲的開發技術其實也是一種實現手段，高精尖的開發技術可以更好地貫徹策劃團隊的設計意圖。所以各大遊戲廠商都在游戲開發技術上投入了大量的人力、物力、財力，投資通常高達數百萬甚至上億美元。

　　《英雄連》塑造出栩栩如生的二戰場面（圖 7-3-2），從開發技術層面說主要歸功於 Relic 公司在 Havok3.0 物理引擎的基礎上 更上一層樓。讀者可以在本書第四章找到關於遊戲引擎的知識，在這裡讀者可以把它理解為包含很多功能系統的遊戲主程序，其中 Havok 物理引擎部分主要負責為遊戲提供有真實交互感的物理環境。比如，一發炮彈擊中裝甲，結果可能是被裝甲彈開，也可能 造成裝甲穿透。

　　如此一來，在《英雄連》的世界中，房子可以起火，石砌的街道會變為焦土，炮彈從天降落會卷起塵土、彈片、殘骸，這一切會讓玩家感覺像是在看電影，玩家可以 360 度欣賞所有戰鬥單位和周圍佈景的形象，所以遊戲畫面的表現力絕對讓人眼前一亮。遠觀視角可為玩家的即時操控提供宏觀參考；拉動近景，甚至可以看到槍械上的斑斑鏽跡和樹林裡的斑駁光影，絕不輸於 FPS 遊戲對 3D 模型細節的刻畫。

圖 7-3-2 《英雄連》遊戲中栩栩如生的二戰場景設計

Essence 引擎的 3D 圖形渲染能力很強大，不過最讓人歎為觀止的部分在於，它採用了一種叫作"動腦筋"的機制來控制士兵的動作。"動腦筋"本質上是一個內置的素材庫，總共有 700 種動作。配合人工智慧部分的"戰場感知機制"，遊戲中的士兵在特定的場合會自動採用特定的動作。比如：兩個步兵班在一條小路上行軍，一旦進入敵人陣地，士兵們會立即鞠躬彎腰，採用謹慎的行軍姿。至於反擊或匍匐前進等，這些反應都無需玩家專門去下達指令。這一切使得模型單位元在運動中的表現如同它們靜止時一樣優異。

應該說任何一款 3D 遊戲，有了高智慧的 AI 以及真實的物理系統的配合，在營造擬真的遊戲世界環境方面都會更有助益。

借用評論文藝作品的一句名言"形式需要為內容服務"。以上列舉的都是用來表達形式上的亮點。例如，炮彈被坦克正面裝甲彈開，而可以給側面裝甲造成穿透；例如，3 人制機槍班，戰士們操槍裝彈各司其職，絕不是簡單的整齊劃一。不過這些亮點的落實都離不開 Relic 開發團隊一流的開發技術水準，而對於大多數的開發團隊而言則是心有餘而力不足。

不過玩遊戲不是看電影。《英雄連》拋開開發技術的層面，更有學習價值的亮點在於遊戲規則上的設定。

首先，是指揮體制上的設定。不同於《全面戰爭》系列營造千軍萬馬的戰場氛圍，《英雄連》只給每一名玩家"連長"的許可權，最多是塑造營級規模的戰鬥。不過這樣的設定卻更讓人感受到戰爭的慘烈，以及遊戲刻畫的細膩之處。在很多即時策略遊戲中，玩家可以指揮到士兵個人，在本款遊戲中玩家扮演的連長最多指揮到"班"，這一切反而顯得真實。每一兵種都是以"班"（小隊）為作戰單位，如 3 人制機槍班，戰士們操槍裝彈各司其職，絕不是簡單的整齊劃一。

其次，在後勤供給、資源佔領採集這些即時策略遊戲必備的元素方面，《英雄連》的規則最讓玩家欣賞。

自《沙丘魔堡》問世以來，所有知名的即時策略遊戲也都採用了經濟資源採集的規則。無論是 West Wood 的《命令與征服》、微軟的《帝國時代》，還是暴雪的《星際爭霸》《魔獸世界》系列等都落入"框選民工採集資源，送回煉化建築（一般是主基地）以獲得收益"的窠臼之中。《星際爭霸》甚至允許到敵人家門口建主基地，其實這種就地採礦取材的設定已經違背了軍事常理。除非玩家只有一處遠離礦坑的基地，否則遊戲中永遠也不會出現運輸補給線。如此一來，人類歷史上無數因切斷敵人運輸而贏得勝利的經典戰役也就無法得到體現。打仗就是打經濟、打後勤，這已成為很多軍事家的共識。

而《英雄連》創造性地引入"陣地"的概念。作戰地區域分成若干塊陣營，每一塊陣地都能自動收穫不同類型（人力、彈藥、汽油）和不同數量的經濟資源，只要這些陣地和指揮所相連，就能自動產生效益。這種遊戲規則一方面使得玩家不必再進行前面無味的定式型採集操作，另一方面又逼迫玩家必須像實戰中的指揮員那樣重視交通運輸線，所以《英雄連》中那些四通八達，並且有高產出經濟資源的陣地就成了兵家必爭之地。有了關鍵性陣地的概念、交通運輸線的概念，玩家的戰術策略更加多樣，人類戰爭史上很多精彩戰役因此也可以進行模擬了。

接下來再討論一下關於戰鬥本身的規則細節設定。無論是《命運與征服》，還是《星際爭霸》，機槍兵都沒有表現出機槍武器的特性——壓制性效果。所有的兵種，如坦克和步兵鬥志考慮攻擊輸出，屬性相克。而《英雄連》忠於事實地引入"火力壓制"的概念。當機槍班手中的重機槍在咆哮的時候，步兵只能被迫匍匐在地上，暫時失去反擊能力。左側機槍碉堡具有射界，在火力射界內部的步兵被壓制在樹叢附近。

在《星際爭霸》等戰爭策略遊戲的攻堅戰中，玩家只能用所有生命力量硬拼，而稍有軍事常識的玩家都知道在攻堅戰打響之前，必須進行炮火准備，步兵衝鋒途中也需要伴隨火力支援。這一切設定在《英雄連》中都有完美表現，如《英雄連》中非常震撼的彈幕效果（圖 7-3-3）。其實實現這些規則的技術難度都不高，可惜 2010 年發佈的《星際爭霸 2》中依然沒有壓制性火力的設定，以致於讓玩家感到震撼的彈幕效果至今也沒有出現。

為了達到強化策略性和戰術變化性的目的，《星際爭霸》採取的手段是：遊戲規則設定有明顯的兵種相克，如近身攻擊的狂熱者是人類攻擊坦克的噩夢。而《英雄連》採取的武器升級手段則高明很多，如默認的步兵班無法和裝甲車輛對抗，但是他們可以選擇升級反坦克火箭筒配合合理的地形掩體就能改變自己的被動局面，他們也可以選擇升級自動步槍，放棄和戰車對抗轉而成為軟目標殺手。總之，初級兵種也可以根據戰場形勢的變化而發揮作用。最有趣的是步兵還可以拾取戰死者的裝備投入戰鬥。因此，即使擁有了 105 榴彈炮、88 防空炮這類終極武器也不能高枕無憂，它們很可能被對手搶佔利用而反敗為勝。

圖 7-3-3 《英雄連》中非常震撼的彈幕效果設計

此外，在《星際爭霸》《帝國爭霸》這類遊戲中，高明的玩家只要明確敵人的種族陣營就很容易制訂相對的戰術，派發針對性的兵種，而為了彌補規則設計的不足之處，開局功能表中提供了"種族隨機"一項。而《英雄連》中，即使玩家明確發現敵人是美軍，也無法立即採用既定方針，因為玩家無法從模型外觀判斷和美軍的哪一種連隊（步兵連、傘兵連、裝甲連）交手，必須先進行試探性接觸，才能制訂相應的作戰計劃。而且每一種連隊各有所長，只要指揮所尚存，連長積累了戰鬥經驗，就能發揮一些部隊的特色戰術，如美國傘兵連的空降資源、裝甲連的戰車搶修等。

總之，《英雄連》的遊戲規則具有策略對抗性和戰術多樣性，而且完全尊重現實戰爭中的軍事常識。

思考與練習

1. 討論優秀遊戲所具有的特點。
2. 分別列舉出一些在創意和設計方面優秀的遊戲，並分析它們的成功之處。
3. 試玩《植物大戰僵屍》或其他益智類遊戲，並總結出哪些規則設計給你帶來了樂趣。

國家圖書館出版品預行編目（CIP）資料

遊戲設計概論 / 張娜 主編. -- 第一版.
-- 臺北市：崧博出版：崧燁文化發行, 2019.05
　　面；　公分
POD版

ISBN 978-957-735-765-6(平裝)

1.電腦遊戲 2.電腦程式設計

312.8　　　　　　　　　　　　　　108005174

書　　　名：遊戲設計概論
作　　　者：張娜 主編
發 行 人：黃振庭
出 版 者：崧博出版事業有限公司
發 行 者：崧燁文化事業有限公司
E - m a i l：sonbookservice@gmail.com
粉絲頁：　　　　　網　址：
地　　　址：台北市中正區重慶南路一段六十一號八樓 815 室
8F.-815, No.61, Sec. 1, Chongqing S. Rd., Zhongzheng Dist., Taipei City 100, Taiwan (R.O.C.)
電　　　話：(02)2370-3310　傳　真：(02) 2370-3210
總 經 銷：紅螞蟻圖書有限公司
地　　　址：台北市內湖區舊宗路二段 121 巷 19 號
電　　　話：02-2795-3656　傳真:02-2795-4100　網址：
印　　　刷：京峯彩色印刷有限公司（京峰數位）

本書版權為西南師範大學出版社所有授權崧博出版事業股份有限公司獨家發行電子書及繁體書繁體字版。若有其他相關權利及授權需求請與本公司聯繫。

定　　　價：350 元
發行日期：2019 年 05 月第一版
◎ 本書以 POD 印製發行